大学通识教育教材

大学生
非认知能力教育

DAXUESHENG FEIRENZHI NENGLI JIAOYU

主 编 冯正广

中国教育出版传媒集团

高等教育出版社·北京

内容提要

本书是大学通识教育教材。

本书对非认知能力的内涵、特点与培育方法进行了清晰的阐释，重点介绍了社交力、亲和力、领导力、自制力、责任心、创新力提升的"五步法"，为大学生非认知能力的培育提供了理论基础和实践方案，旨在促进大学生更好地适应社会，提升其核心竞争力。

本书可以作为普通高等学校公共课教材，也可供一般社会读者阅读参考。

图书在版编目(CIP)数据

大学生非认知能力教育 / 冯正广主编. —北京：高等教育出版社，2023.8（2024.7 重印）
ISBN 978 - 7 - 04 - 060989 - 9

Ⅰ. ①大…　Ⅱ. ①冯…　Ⅲ. ①认知科学–高等学校–教材　Ⅳ. ①B842.1

中国国家版本馆 CIP 数据核字(2023)第 146983 号

策划编辑	朱争争	责任编辑 朱争争	封面设计 张文豪	责任印制 高忠富

出版发行	高等教育出版社	网　　址	http://www.hep.edu.cn
社　　址	北京市西城区德外大街 4 号		http://www.hep.com.cn
邮政编码	100120	网上订购	http://www.hepmall.com.cn
印　　刷	浙江天地海印刷有限公司		http://www.hepmall.com
开　　本	787mm×1092mm　1/16		http://www.hepmall.cn
印　　张	10		
字　　数	180 千字	版　　次	2023 年 8 月第 1 版
购书热线	010-58581118	印　　次	2024 年 7 月第 2 次印刷
咨询电话	400-810-0598	定　　价	30.00 元

本书如有缺页、倒页、脱页等质量问题，请到所购图书销售部门联系调换

本书编写指导委员会

序

一

古今中外办大学的首要目的，都是为了培养人才。问题的关键是培养什么样的人才、怎样培养人才。

成都锦城学院贯彻党的教育方针，落实立德树人根本任务，为党育人，为国育才，结合自身应用型办学定位，确定了"做人第一，能力至上"的人才培养标准，培养在社会主义现代化建设中可堪大用、能担重任的栋梁之材。学校坚持改革创新，在全国首倡大学应重视非认知能力培育，把非认知能力培育列入了人才培养目标和课程体系。

非认知能力这个概念源自当代心理学家、教育学家本杰明·布卢姆的教育目标分类理论，该理论把教育目标分为三个领域，即认知领域、情感领域、动作技能领域。受其分类学理论的启发，我们把人的能力分为两大类：一种是认知能力，即人们通常所说的智力，其高低程度用智商来衡量；另一种是非认知能力，主要指社会情感能力和行动力，其高低程度分别用情商、行商来衡量。

情商这一概念最早由美国学者丹尼尔·戈尔曼提出，主要包括五个方面：认识自身情绪的能力、管理情绪的能力、自我激励的能力、认知他人情绪的能力、处理人际关系的能力。由于这五个方面既包括个体的情感能力，也包括社会交往技巧，所以情商也成为后来的社会情感能力的理论渊源。行商则指行动力商数，用于衡量一个人行动能力的高低，包括做事情的动力、态度、习惯、效率等。

越来越多的研究和实践证明：非认知能力在个体发展、职场竞争、人力资本回报乃至人生幸福等方面有着非常重要的作用。坊间流传一句话，说一个人的成功，20％取决于智商，80％取决于情商。这种说法未必科学，但能够广为流传，恐怕也有一定的道理。美国学者乔治·库甚至提出非认知能力是大学生面向21世纪的核心胜任力。诚然，随着AI等技术的日新月异，人类的许多工作开始被智能设备逐步取代，而社会情感能力和解决复杂问题的能力仍是人类独有的不可替代的能力。从这个角度来说，提升非认知能力是在复杂多变的 21 世纪取得竞争力的关键。

正因为如此，全世界越来越多的国家和组织已经把非认知能力培育纳入国民教育体系和教育研究的重点。发达国家的大中小学往往都开设有诸如情绪管理、沟通表达、领导力等课程。经济合作与发展组织（OECD）在 PISA 测试后，又大规模地开展了 SSES 项目。与 PISA 主要测试知识水平和认知能力不同，SSES 测评旨在评估青少年的社会与情感能力发展水平以及哪些因素影响了这些能力的发展，并进一步探索如何通过教育政策和实践提升这些能力。该项目负责人安德烈亚斯·施莱歇尔在《超越学科学习——社会与情感能力研究全球报告》的序言中强调："现在是父母、教育者和政策制定者采取行动支持儿童和学生发展社会与情感能力的时候了——这不是取代学业发展，而是与之并驾齐驱。"他所说的"并驾齐驱"，与成都锦城学院非认知能力与认知能力并重的教育思想不谋而合。

教育要培养人的两种能力的观念，也不完全是"舶来品"，在中华民族传统文化经典特别是传统教育论著中，也有相关论述。如《论语》里记载："子以四教：文、行、忠、信。"这里的文，类似于今天所说的文化知识，属于认知的范畴，而行、忠、信则都属于非认知的范畴。又如《礼记·大学》里讲的"八条目"，即格物、致知、正心、诚意、修身、齐家、治国、平天下，这里面的格物致知，根据朱熹的解释，意为"即物而穷其理"，属于认知的范畴，而诸如正心、诚意等目，则属于非认知的范畴。再如中华民族历史悠久的家规家训，历代先贤对子孙后代的谆谆教诲，主要都是与非认知能力相关的内容，例如自身修养要慎独、勤俭、内省，为人处世要公道、守敬、谦虚等，这些都是刻进我们中国人骨子里的品格。总之，非认知能力教育既是国际前沿，也深深根植于中华文化的丰沃土壤。中华优秀传统文化中有许多非认知能力教育的内容，值得我们去挖掘、传承、发展、弘扬，这也是坚定文化自信，推动优秀传统文化创造性转化、创新性发展的时代课题。

二

成都锦城学院在应用型人才培养方面的贡献是"三个并举"，即做人的教育与做事的教育并举，认知能力的提升与非认知能力的培育并举，帮助学生打牢基础与促进学生个性发展、形成"长板"并举。在非认知能力培育方面，学校创造了"一个框架"，经历了"三个阶段"。

"一个框架"是指学校在 2021 年创造性地提出了"两商六力、三隐三显"

的非认知能力培育框架。该框架明确了非认知能力培育的重点，指明了非认知能力培育的隐性化和显性化措施，是一套系统的非认知能力培育指南。

这个框架中的"两商"指情商和行商，"六力"指学校重点培养学生的六大非认知能力，包括反思自制（自制力）、责任态度（责任心）、好奇创新（创新力）、交流沟通（社交力）、合作包容（亲和力）、组织领导（领导力）。"两商六力"就是非认知能力培育的主要任务，但正如毛泽东同志所说："我们的任务是过河，但是没有桥或没有船就不能过。不解决桥或船的问题，过河就是一句空话。"这个框架同时也解决了"桥"和"船"的问题，那就是三条隐性化措施和三大显性化要求：

在非认知能力隐性化培育方面，成都锦城学院总结归纳了"三大途径"，即养成培育、熏陶培育、体悟培育（即框架中的"三隐"）。养成培育重点帮助学生养成作息有常、行为有则、重诺守信、友爱平等、独立思考、勤学好问、坚持始终、做事认真、勤劳节俭、讲究卫生的十大习惯；熏陶培育通过风气、环境的熏陶与师长朋辈的示范，对学生成长施加影响；体悟培育则通过搭建各类平台，使学生设身处地、亲身经历，悟出道理，获取心得。

在非认知能力显性化培育方面，成都锦城学院提出要有显性的标准要求、计划安排和考核评估（即框架中的"三显"）。为此，学校建成了全国首家大学生非认知能力培育中心，组织专家研究制定了"六力"的评估标准和测量方法；开发出非认知能力培育系列课程，受到了学生的普遍欢迎；学校还把非认知能力培育指标纳入对学生的综合评价，把非认知能力培育工作成效纳入对教师、辅导员及相关部门的评价。

这个框架的重要意义是为大学生非认知能力培育提供了一个系统化、可操作的框架。据我们所知，目前国内外还没有类似的框架，这应该是成都锦城学院的首创性贡献。

建校十八年来，成都锦城学院在非认知能力培育上走过了三个阶段。

第一阶段是在全国高校中最早提出大学教育要坚持认知能力与非认知能力并重，把非认知能力的培育提高到了与认知能力同等重要的高度，并在课程体系上得到了落实。

第二阶段是进一步提高了非认知能力培育的理论自觉，其标志是提出了"两商六力、三隐三显"的非认知能力培育框架。

第三阶段是以首批 20 个"大学生非认知能力培育工作坊"的建立为标志，实现了非认知能力培育的个性化。目前，成都锦城学院非认知能力工作坊已发展到 83 个。学校为每一个工作坊配备了相应的指导老师，并在场地、经费上给予支持；学生可以根据自己的志趣、爱好和需要，选择在不同的工作坊里学习、实践、锻炼。

通过"三个阶段"的持续探索和深化，成都锦城学院在非认知能力培育方面走出了一条路子，非认知能力培育正在成为成都锦城学院人才培养的一大鲜明特色和新的竞争力。教育部高教司原司长张大良同志在参观锦城学院校友展览馆后对锦城学院有一句经典评价，他说锦城学子"就读锦城是成功，走出锦城更成功"。在还不到二十年的办学时间里，锦城校友中已经涌现出一批批各行各业的佼佼者，究其出类拔萃的原因：一是认知能力强，不仅具有扎实的基础，而且善于学习，因而能很快成为各行各业的翘楚；二是非认知能力强，能够进行有效的自我管理与激励，善于与人打交道，能说会干，行动力强。锦城校友的成功，充分证明认知与非认知能力并重的人才培养路子走对了、走好了，应该坚定不移地继续走下去。

<h2 style="text-align:center">三</h2>

成都锦城学院素有"把工作当科研做，把科研当工作做"的传统。很高兴，成都锦城学院的一批学生工作专家围绕非认知能力培育，做了深入的理论研究和实践探索，他们编写的《大学生非认知能力教育》一书即将由高等教育出版社出版，我对此表示衷心的祝贺。

本书体现了成都锦城学院在研究、探索、实践大学生非认知能力培育方面取得的最新成果。本书对"非认知能力"给予了清晰的定义和阐释，对非认知能力的特点、内涵以及培育工作的着力点进行了深入的研究和探讨，特别是对"两商六力，三隐三显"的非认知能力框架进行了深化和细化，重点围绕"六力"，提出了构建理想模型、观测与测评、观念重塑、方法掌握、设计任务清单的"五步法"，为大学生非认知能力的培育提供了一套理论基础和实践方案，既可以作为高校非认知能力培育的教材，也可以作为广大读者提升非认知能力的指导读物。

最后，希望本书可以为当代大学生的非认知能力培育提供一些有益的参考，为更多人提升非认知能力提供一些启发和帮助。让我们学校、家庭、社会共同努力，培养更多身心健康、协调发展的阳光青年，为提高国民综合素质和社会进步水平不懈奋斗！

邹广严
2023 年 7 月于成都

目　　录

第一章 绪 论

认知的边界外，是广阔的非认知空间

本章导航

认知能力教育

非认知能力教育

认知能力教育和非认知能力教育的并重

当你在路上看到一朵盛放的鲜花，你的大脑里会有判断：这是一朵花，它是红色的，它是玫瑰花。除此之外，你也许还会有感觉：花真美，我很开心！我想把它送给我的朋友，她一定也很开心。

你对花的定义和判断是认知，你的感觉反映了你的内心世界和看待世界的态度，你想要将花送人的想法反映的是你和他人建立关系的方式。因此人看待世界的角度是多维的。在漫长的学习生涯中，你在课堂上花大量时间学习，通过学习提高成绩、提升认知。那除此之外，你看待世界和自己的态度，你与世界建立联系的方式，是否也需要学习？

在认知的边界之外，还有广阔的非认知空间。只有实现了认知能力与非认知能力的合一，人才能实现全面发展。因此，我们接受的教育不能只局限于认知能力教育，非认知能力教育也是必需的，它甚至能解决我们生命中更多的问题。

第一节 认知能力教育概述

认知能力是人最重要的能力之一，我们从出生就开始努力地认知，我们通过学习不断提升认知能力，我们在学校接受的学习知识的教育也主要是针对认知能力的教育。

一、认知能力的含义与层级

（一）认知能力的含义

认知能力是人脑接受、加工、储存、提取信息和应用信息的能力，如知觉、记忆、注意、思维和想象的能力。

认知，是人认识外界事物的过程，能够帮助我们科学地思考，理性地认识世界，对外界事物进行信息加工，涉及知识的获取、使用和操作等过程，包括知觉、注意、表象、学习、记忆、思维和言语等。

我们可以将认知能力理解为一种搜索和判断能力，搜索到解决问题的有效路径和线索的能力，判断是非对错的能力，它是人们认识客观世界、获得各种知识的重要条件。认知可以理解成人们通常所说的"智力"，能力的高低程度用"智商"来衡量，如数学运算、读写、记忆、信息加工处理、逻辑推演、归纳总结、解决问题、抽象思维、快速学习和从经验中学习的能力等。

（二）认知能力的层级

20世纪50年代，美国心理学家、教育家本杰明·布卢姆提出了教育目标分类法，在世界范围内产生了较大影响。在这个理论中，人在认知领域的发展被分为从低到高的六个层次：记忆-理解-应用-分析-评价-创造（图1.1）。其中，记忆和理解属于低阶思维，只停留在浅层学习；应用、分析、评价、创造属于高阶思维，是深度学习。从低阶思维到高阶思维的发展，表明人的学习能力增强，也表明人的认识能力提高。

在心智进化论和人类认知五个层级理论中，也有类似对人的认知能力的表述。这些理论认为，人类具有进化中获得的全部五个

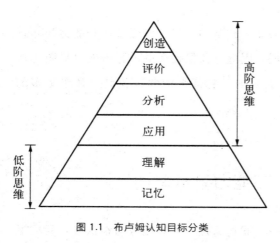

图 1.1　布卢姆认知目标分类

层级的心智，即神经层级的心智、心理层级的心智、语言层级的心智、思维层级的心智和文化层级的心智，从而具有全部五个层级的认知，即神经层级的认知、心理层级的认知、语言层级的认知、思维层级的认知和文化层级的认知，简称神经认知、心理认知、语言认知、思维认知和文化认知（图 1.2）。① 从认知科学来看，人类最本质的心智和认知能力，是语言能力和思维能力，也就是说，在智能发展方面，人区别于其他非人类动物的本质属性是有语言、能思维。因此，我们把语言认知、思维认知和文化认知称为人类认知，这是人类特有的心智能力。人类认知只能而且必须被包含在这五个层级之中。前两个层级的认知即神经认知和心理认知是人和动物共有的，称为"低阶认知"，后三个层级的认知是人类所特有的，称为"高阶认知"。

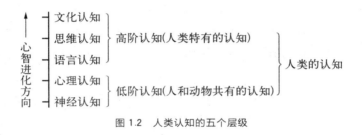

图 1.2　人类认知的五个层级

以上这些理论，涵盖了人们对于认知能力的探索。可以说，学会"学习"，就是追求从低阶思维到高阶思维的一个过程，也是提升认知能力的一个过程。

二、认知能力教育的侧重点

人们常说的"脑中所想、心中所感"，大约就是对认知能力和非认知能力的一个粗略分类。认知能力，主要是指大脑思考的能力。

（一）基于左脑的教育

认知能力主要是指人的大脑所具有的思维、想象、记忆、理解、推理等的能力。众多的科学研究表明，人的大脑是极其复杂的东西，大脑的能力是深不可测的。脑力决定了我们如何去思考问题和判断问题、如何寻找思考问题的方向，决定了认知能力的高低。

---

① 蔡曙山：《从思维认知看人工智能》，《求索》2021 年第 1 期。

现代认知科学、脑神经科学认为，认知能力的培育通常基于左脑。左脑决定了人的逻辑思维和理性的一面，包含计算、逻辑推演、理性思考、记忆等思维活动。

（二）人工智能：人类认知能力发展的高点

是人工智能更聪明？还是人更聪明？在回答这个问题之前，我们需要明白一个事实：人工智能本质上是对人类智能的功能模拟。

2022 年 11 月，美国人工智能研究实验室 OpenAI 发布了聊天机器人程序 ChatGPT，它上知天文、下知地理，能像人类一样聊天交流，能完成撰写邮件、视频脚本、文案、代码、论文等任务。在某些测试情境下，ChatGPT 在教育、回答测试问题方面的表现甚至优于普通人类测试者。

人工智能发展到今天，人们已经接受了一个共识，那就是人脑越来越难以与计算机的存储记忆或者运算功能相匹敌，人工智能将在认知的部分领域展现出人类难以企及的优势。可以说，人工智能已经成为目前人类认知与智力发展的高点。有人开始担心，面对人工智能，人类的优势在哪里？大多数人会成为无用之人吗？

人工智能作为人类认知发展的高点，已经具备了语言和思维的功能。但人工智能还有很多不能实现的功能，其中最主要的是意识，特别是自我意识。人类与人工智能的本质区别就在于意识，自我意识的标志是反思。这就已经超越了认知，进入了人类能力的另一个领域，一个难以被人工智能模仿的领域。

三、认知能力的边界与人的全面发展挑战

认知能力是人认识世界、和世界交互的基础。目前人工智能已经把人的认知能力提升到了相当的高度，那它是不是帮人们解决了所有问题呢？答案是否定的。

（一）认知的边界

一个人学习成绩非常好，他是不是就可以获得幸福？一个人上知天文、下知地理，是否就能拥有爱？一个人拥有非常高阶的思维能力，是否就能分析出自己的家人、朋友怎么能和自己相处得愉快？

认知能力，有自己无法解决的问题。

幸福，是人类共同的追求，几乎无法通过大脑的分析、认知来获得。真、美、善，支撑起人性中最高层面的价值观，代表着人类对世界的科学态度、实用态度和美感态度，大部分与个人认知能力无关。爱，是人类获得个人价值的重要来源，也与思考、认知没有关联；信仰、信念、意识、精神、愉悦、和谐、宁静，这些也不能完全靠认知来影响。

在生活的幸福、人生的发展、生命的体验方面，认知能力有自己的边界和局限。边界以外的问题，需要用其他的能力来解决。

（二）人的全面发展挑战

当前社会的现实是，高度发展的人类智能认知和人工智能认知，并没有给人类个体带来持久的快乐幸福和内心的平静与安宁，恐惧、不安全感仍然潜藏在很多人的心中。科技的不断突破给社会带来一次次冲击，成年人的不确定感愈演愈烈，孩子们在更"卷"的学习中承受更大的压力。我们对于自然和人类社会的认知日益深入，但并没有帮助人们更加深入地认识自己和理解别人。

未来，人与人之间最大的鸿沟不仅是认知发展的不平衡，还有看待世界维度的不同、个人存在状态的不同。个人要想在世间立足，重要的是不拘泥于"所见"。人的本源、世界的本质，常在个人的认知、智识、理性等之外。在科技高度发展、未来充满不确定性的时代里，我们所面临的绝不仅是人工智能对人的认知能力的挑战。

教育的目标不是培养出认知强大而心灵贫瘠脆弱的单面人、碎片人，而是要培养出心智和情感平衡，能实现言思行、身心全面发展的人。

第二节　非认知能力教育概述

学界对非认知能力概念的提出最早可以追溯到 20 世纪末。20 世纪末至 21 世纪初是国际教育改革蓬勃发展的交汇期，世界各国和国际组织对教育改革的理解虽有不同侧重点，但都不约而同地将非认知能力定义为核心综合素养。面对社会经济和科学技术快速发展的需要，大学生的创新与创造力、沟通与交流能力、团队合作能力、社会参与度及社会贡献、自我规划与自我管理能力等素养变得尤为重要。这些素养指向的便是非认知能力。

一、非认知能力的含义与特点

国内外学者对非认知能力的研究，丰富了非认知能力的内涵。不同研究领域对非认知能力都有不同的解读。

（一）非认知能力的含义

在心理学领域，众多学者将非认知能力解释为非智力因素。这类因素包括个人的良好心理素质，如意志力、道德修养、勇气、自信等，后来又包含人的情感、意志、兴趣、性格等。该能力培养的是人的核心胜任力。

在经济学领域，非认知能力被视为与认知能力相对应的个体特质，用来描述"不能被智力测验或成绩测量的个人特征"，或者"和智商无关或者弱相关的人格特质"。

在人力资本理论领域，非认知能力是指人的意向活动在改造客观世界的过程中逐步形成的一系列稳定的心理特点的综合，其外延是学生学习的情动力、意志力、自评力、调控力等。

在社会学领域，非认知能力通常指代包括个人态度、行为、情感、动机和其他社会心理倾向的个人属性、技能和特征。

在教育学领域，非认知能力被视作一种非智力因素，侧重于与个体学业成就和未来发展有关的能力，包括领导力、意志力、自尊心、教育期望等。印第安纳大学高等教育学教授、美国高校学生学业成果评估中心高级学者乔治·库认为非认知能力主要包括人际关系能力、自我规制能力和神经认知技能三个维度的行为特质。人际关系能力包括向他人表达信息以及解读他人的信息并做出适当回应的能力；自我规制能力涉及自我管理、适应力、责任心、自我反思以及管理行为和情绪以达成目标的能力；神经认知技能包括晶体智力和流体智力，二者共同监控和调节个体的思维过程与行为活动，并且对于个体内部和外部胜任力的发展以及实践性知识的应用至关重要。

从社会情感的角度来看，非认知能力包括社会情感能力，属于人的高级情感，是在情绪的基础上发展而成的，是情绪和情感的统一。社会情感有两种存在形态，一个是短时期起作用的情绪状态，如激动、热情等；另一个是起持续作用的感情状态，如热爱、憎恨、快乐、羞耻以及道德感、理智感、审美感等。①

综合各个领域的研究，本书中提及的非认知能力包括社会情感能力和行动力，如领导力、社交力、责任心、自制力、亲和力和创新力等，非认知能力的高低程度用"情商""行动力"来衡量。

（二）非认知能力的特点

非认知能力与认知能力是两种不同的概念，它具有以下五个特点。

1. 超认知

非认知是超越认知的，代表着直觉、洞见、觉知、感知、想象、创造等精神活动。

超认知是以自己思考的内容和过程为对象的精神活动，即在理解自身的认知内容与状态的前提下计划、执行、评价和修正思考过程和问题解决过程的高层次能力。

当一个人无法用自己的认知框架去理解一个"合理现象"时，可以用自己的情绪本能去超越认知，尝试理解复杂事件的本质。例如，你在和人谈话时，不仅会考虑语言表达是否清楚，也会考虑说话的内容和说话时的面部表情是否与现场的氛围相符合，表达是否让对方愉快。这种行为就有着非认知的参与。

2. 元认知

非认知是对认知的认知，对认知者本身的认知，即看"看"、听"听"、观"观"，是对自己的观念、态度、方式的内观与反思。

元认知是最高级别的认知，它能对自身的"思考过程"进行认知和理解，是个人对自己的思维活动过程的自我觉察、自我评价和自我调节，是对我们"习以为常、见怪不怪"的现象的反思，是对认知活动的自我意识。

元认知能力强的人，可以对自己的行为和状态保持觉知，可以更好地理解自己和他人的行为及行为背后的逻辑，继而对自己和他人有一个更准确的认识。

3. 反认知

非认知无关逻辑、对错、因果律、条件论、效率等理性因素。除了凭借真与假、正确与错误这样的客观标准看待世界外，还有一种"感觉好不好"的直

---

① 　时蓉华：《社会心理学》，浙江教育出版社1998年版，第223页。

观感受，这就是感性的力量。

非认知提供了另外一个看待世界的维度，在这个维度里，凭借的不是逻辑，而是直觉和人本能的感受。

4. 无认知

非认知就是要抛除社会现实、成长环境等赋予自己的预设性观念，丢弃别人要你知道的观点，保持空杯心态，将内心清零，知道自己"无知"，然后才能获得"真知"。

《省心杂言》中有这样一句话："器满则溢，人满则丧。"器皿中的水满了会向外流出，人自满了以后会丧失名声。这句话给我们的启示是，在充满各种信息的当下，只有不断将自己的知识"清零"，保持开放的心态，才能够不断突破自我。

拓展学习　空杯心态

"空杯心态"并不是一味地否定过去，而是要怀着否定或者说放空过去的一种态度，去融入新的环境，对待新的工作、新的事物。

空杯心态是一种永不满足的自我挑战，就是随时对自己拥有的知识进行重整，清空过时的知识，为新知识的进入留出空间，保证自己的知识总是最新的；就是永远不自满，永远在学习，永远保持心的活力。

空杯心态是对自我的不断扬弃。曾子曰："吾将日三省吾身。"古希腊哲学家也曾说过："认识你自己。"认识自己很重要，认识自己很困难，否定自己则难上加难。否定自我需要胸襟、需要坦诚、需要胆魄。只有否定自我才能超越自我。

空杯心态就是忘却过去，特别是忘却成功。受到批评要警惕、警醒，得到赞扬更要警惕、警醒。要在鲜花和掌声面前看到差距；要在困难和挫折面前，不失信心，这便是成熟和进步。保持空杯心态就是要不断清洗自己的大脑和心灵，不断学习，与时俱进。

5. 不可知

非认知就是要接受世界的不确定性、不稳定性、开放性。96%的世界是不可知的。人们不要妄图用逻辑、规律、对错等认知的方式去解释所有的事情，要尊重世界固有的存在。

古希腊时期的智者高尔吉亚在《论自然和非存在》一书中提出过三个著名

的命题，第一是无物存在；第二是如果有某事物的存在，人们也无法认识；第三是即便可以认识它，也无法将其告诉其他人。我们根据已知的理论、真理所能探索到的宇宙是非常渺小的，还有很多事物处于已有的认知方式、方法探索范围以外。这时刻提醒我们不断进步、前进。

二、非认知能力教育的着力点

（一）侧重心灵感受

现代认知科学、脑神经科学认为，非认知能力的培育更多侧重右脑，它倾向于艺术、想象等决定人感性的一面，包含直觉、灵感、创造等活动。学者们普遍认为认知能力侧重于大脑思考的能力，非认知能力侧重于心灵感受的能力。非认知能力可以用以下词汇来描述：爱、美、智慧、情感、态度、反应、素养……

从某种意义上讲，"非认知"更贴近人类的本性，更接近智慧和创造。

（二）教育的第一性原理：作用于心

你的内心世界，决定了你如何看待外在世界；环境不能决定你，现实无法支持你，是你支持着你的现实并定义你的环境。这就是非认知能力教育的第一性原理——主观能动、作用于心，即人是可以通过改变自己的原初认知来定义和改变自己的世界。

个体心理学认为，人们生活在意义的国度中，我们所经历的并非单纯的环境，而是环境之于人的意义；我们所体会到的现实往往都是我们赋予该种现实的意义，是经过解读的，而非事实本身。[1] 换言之，你所看到的一切，原本不具备任何意义，它的意义完全是由"自己"赋予的。如何"定义"事件，决定了你如何体验、如何相信、如何经历和遭遇。正面与负面，积极与消极，光明与黑暗，自由与限制，幸运与悲惨，都由你自己决定与选择。放弃了由自己决定如何看待世界的权利，是一种自我去权，会带来负性的增强效应，即虚构的恐惧，并造成真实的痛苦。

就这个意义而言，我们眼中的现实其实是自己内心的映射，"环境"和

---

[1]　阿尔弗雷德·阿德勒：《自卑与超越》，韩阳译，北京时代华文书局 2018 年版，第 44 页。

"现实"也包含个体认知；现实的存在在一定程度上由自己决定、选择、掌控及创造；过去、现在、未来都在个体认知之内。心理学家威廉·詹姆斯说："我们这一代最伟大的革命，即是发现了，人类可以通过转变心态，进而改变自己的人生。"

拓展学习　情绪 ABC 理论

　　情绪 ABC 理论是由美国心理学家埃利斯创建的理论。A 是引发情绪的事件，B 是个人的信念或对事情的诠释，C 就是结果，即人的负面情绪。通常人们认为事件 A 直接导致了结果 C，所以人们在产生负面情绪后常去处理、阻止、缓和、沟通、协调 A 以及与 A 相关的人、事、物。但实际上，B 才是可以完全掌控和改变的因素，引发 C 的不是 A，而是 B。同样一件事，人的反应不一样，对事情的诠释角度就不同。所以，当人们转变了内心的状态，环境也会随之转变，这就是所谓的"境由心转"。

（三）教育载体：情感与体验

　　认知能力的载体是人的思维，而非认知能力是没有逻辑、没有运算的，它的载体是情感和体验。非认知能力包含一系列世界观、价值观、心灵观，包含着人的价值取向、情感、动机、潜意识等，这些都是通过人的体验来描绘，通过人的情感来表达的。

　　情感的最高面向是爱，爱是非认知能力的最高力量。无论怎样，人都不会拒绝爱。内心感受"爱的匮乏"是导致人无法与自己、世界良好相处的重要原因。爱与支持、丰富与完美、成就与价值、信心与平安、把控与创造，这些心灵的感受深受对爱的感知和态度的影响。

　　人需要做的是要"看见爱"。爱是人不可剥夺的属性，人的存在就是"爱"的造物。人的每个经历、每个遭遇都是世界的礼物与人生的奇遇。认出爱，爱没有条件、没有比较、没有占有、没有控制、没有交换。在爱中，人被无条件地完全支持，甚至包括"非爱"的信念和行为。爱，从自己开始，要接受自己的真实存在。对自己的表现、状态也要用爱去看待。

　　当一个人能够看见爱、认出爱，就能够体会到非认知能力的最高面向，个人的非认知能力便会得到翻天覆地的变化。

三、非认知能力教育的原则

认知能力可以通过思维的训练来提升，非认知能力却无法用同样的方式来获得，只有尊重非认知能力本来的特点和运行的规律，才能实现非认知能力的进阶。

（一）觉悟重于思考

非认知能力是"心"的感受，它应该脱离于人的头脑，回归身体和心灵，更侧重于觉察、领悟和体验，更注重体验式的场景，更重视对"悟性"的培养。

（二）状态先于行动

"是什么"（状态）比"做什么"（行动）更重要。我们应该更加关注自己的心里是富足还是匮乏、是安宁还是恐慌、是喜乐还是焦虑，致力于培养自己"富足的、安宁的、快乐的、有价值的、充满爱的、已经成功的、已经拥有的"心态，然后可以基于这个良好的状态去学习和生活。这远比关注此刻正在做什么更重要。

（三）右脑多于左脑

非认知能力的培育更多侧重右脑，它倾向于艺术、想象，决定人感性的一面，包含直觉、灵感、创造等活动。我们不能让右脑沉睡，而要积极调动右脑。

（四）内省高于外求

自己的内在是最有力量和智慧的，也是最能理解、照顾、滋养自己的，是最能全然地、恒定地、无条件地支持自己的。因此要学会向自己的内在吸取智慧和能量，与自己的内在链接，学会与自己的内在相处。降低对他人和环境的期待和依赖，减少对他人给予自己尊重、认可和爱的渴求。

（五）清理强于加载

爱与恨、安宁与害怕等非认知反应事实上是中性的，有时候压抑即召唤，抗拒即强化。如果过多使用理智、思考去控制、压抑某些非认知的感受，往往会适得其反。我们应该学会质疑、清理非认知情绪化反应背后的"信念"。

拓展学习 清除影响非认知能力发展的制约性信念

人的非认知能力无法充分发展的障碍往往来自一些限制性的前置观念。识别这些障碍，并用新的观念对其进行覆盖性清除，打破对自己和对环境的刻板定义，能让自己在非认知能力的世界中获得焕然一新的视野。以下是一些常见的限制性观念。

1. 自我中心与受害者心态

只考虑自己的需求，又在意他人的评价，将他人的评价当作对自己的评价。遇到挫折时总认为是他人在针对自己，总是把问题的原因和责任归咎于环境或者他人，认为自己是受害者，自己无力改变。

2. 理性至上与理性自负

总是怀有别人"应当、应该"的期待，但没有人有义务去满足他人的期待，现实与个人的期待也不会相同，所以往往事与愿违，导致坏的结果。

3. 鸵鸟心态

这是一种逃避现实的心理状态，指的是人对外在的挫折、压力、不确定性，以及内在的不适感、不良反应和恐惧没有直面的勇气，就像鸵鸟一样遇到困难就把头钻进沙子里，假装没发生。这类大学生的表现通常为借助于网络游戏、影视剧等来逃避，搁置问题。

4. 习得性无助

对自己的反应、情绪、思维、念头无意识，总是感到无法改变、无可奈何、无能为力、一筹莫展。

5. 原生性匮乏

内心总是感觉自己不够好、不值得、不被爱，总是想向外界抓取爱，只有通过别人的肯定才能确认自己的价值，所以极力证明自己，在没有得到想象中的肯定时感到痛苦，但面对真正的爱和善意时又不知如何面对。

6. 爱与接纳的条件性

看不出现实存在给我们的无条件接纳、信任和爱，总是认为被爱是有条件的，一味想去争取被爱的条件，或者要求别人满足一定的条件自己才会付出爱。

7. 主客错位（主权缺位）

放弃对自己内在的信任和依托，总是认为力量、智慧来源于他人和环境，对自己极度不自信。

8. 起跑线决定论

原生家庭决定论、身份论、名校情结都属于环境决定论、起跑线决定论，认为个人的选择和成功是由环境决定的，无法做出改变。

9. 确定性幻觉（一劳永逸）

在充满不确定性的时代，在信息化时代，还沉浸于追求一劳永逸和稳定的幻觉中，无法坦然面对和适应环境的变化。

10. 完美期待

总想在所有条件都具备时才开始改变和行动，总想在有限的条件下寻找和成就一个完美的选择。

11. 意志力迷思

过度使用意志力和崇拜意志力，但意志力容易衰竭、耗散、不可持续。

12. 错失恐惧（选择综合征）

选择时总是纠结，生怕错过什么。

13. 信息茧房（洗脑与催眠）

陷入被喂养、被催眠的信息泡沫中，陷入舒适的剧情中，放弃质疑和批判，放弃判断和怀疑的能力。

14. 错误预期

没能看到预定目标或问题真实的维度、变量或可能性。例如"如果我成绩好，我就能获得一份薪水很高的工作"。

15. 知行分离

知道很多道理但无法行动；行动总是盲目的。

第三节　认知能力教育与非认知能力教育并重

当今世界处于急剧变化的大发展时期，新一轮科技革命和产业革命正在重塑全球经济结构,人工智能正在深刻改变人类的生产生活方式和思维方式。当今人类需要拥有稳定的内在条件以适应时代变迁。党的二十大报告强调,要培养德智体美劳全面发展的社会主义建设者和接班人。当认知能力和非认知能力可以实现协调发展时,二者就会给人的自我完善和自我实现带来不可估量的影响。认知能力教育和非认知能力教育的并重势在必行。

一、认知能力与非认知能力应合一

随着人类认知的不断深入,非认知能力的重要性越来越显著。认知能力和非认知能力不是毫无关联的。它们相互影响,只有当二者合一时,个人才能实现全面发展。

(一)认知和非认知相互影响、相向而行

认知能力和非认知能力是我们在教育目标分类上的逻辑划分,二者虽然是两种不同类型的能力,但不是毫无关联的,它们既有差异性,又有统一性,是紧密联系、相辅相成的。

认知领域的活动,需要非认知能力的参与和保障,例如学习者必须有足够的自我驱动、自我控制以及团队协作、沟通交流等能力,这些非认知能力既是学习活动的重要保障,也是学习的重要目标。非认知领域的活动也需要认知活动作为基础。例如,社会情感能力的提升,也必然包含着学习者对于社会与人的最基本认知的加深,以及对于相关规律的总结能力的提高。

学生在学习中不断进行自我反思和自我认知,对自己的学习过程进行审视和剖析,总结得失、掌握规律,从而获得更好的学习方法和策略,取得更好的学业表现,这些都是认知能力和非认知能力相协调发展、共同促进的良好结果。

因此,应该坚持认知能力与非认知能力的并重,使认知能力与非认知能力实现同步协调、共同发展。

(二)多维视角,赋予人独特的价值

认知能力代表着理性,指向逻辑、推理、对错、因果等;而非认知能力代表的是感性,指向直觉、灵感、情感等。这是人类思考的不同维度,体现了人的丰富性,也代表着人可以创造的无限可能性。可以说,建立在认知能力基础

上的非认知能力，蕴藏着人的尊贵性和独一无二性。

当前，人工智能的作用越来越大，但人工智能所有的分析和模仿都是基于对现有数据的分析和现存行为的模仿。与之相对的，人的创造性基于想象、联想，具有"无中生有"的能力。人的思维可以跨界、多维，人的爱可以跨越距离、因果、逻辑，人可以在真善美中获得超越生命的高峰体验，这些都是人之为人所能拥有的高维度体验。

我们还可以看到一个事实：认知能力的提升可能受限于人本身的智力因素；而非认知能力则能够为那些有客观条件限制的人提供精神上持续的供给，并且利用这些精神能量来实现个人的超越。

认知能力和非认知能力带给人看待世界不同的视角，带给每个个体不同的发展可能，也体现了人独特的价值。

（三）二力合一，实现内外和谐、平衡发展

中国古代哲学讲"天人合一"，即自然、万物与人和谐共生；也讲"知行合一"，即人的外在行为和内在意识的合一。这些都指向了认知能力和非认知能力的合一，如果说认知能力是我们认识世界、改造世界的工具，那非认知能力就是握工具的那只手，它代表着人的行为背后的动机、观念。当认知能力和非认知能力合一发展时，人才能实现头脑与身体、物质与精神、内在与外在的和谐，才能实现知行合一。

然而，在以往的求学生涯中，学习者大部分时间在接受"知识的传授"，对于学习内容、学习对象的关注比较多，对于学习者本身状态的关注相对较少；对人的外显状态的关注较多，对于人的内隐状态的关注较少。在这种情况下，学习者无形中成了"掌握知识的容器"，人的欲望、需求、意志等都在为知识的学习而服务。然而在现实中，知识的掌握对学习者而言可能并不是唯一最重要的。人如何看待自己和世界，可能决定他要成为什么样的人；如何自处和与人相处，可能影响其生存和发展的状态。因此，我们要把个人发展的视角放长远，去关注对人生发展最有价值和意义的部分。毕竟，大学的学习生活只是人生中非常短暂的一部分，完成大学学业之后，大学生才开始真正步入自己的社会生活。在这个过程中，人必须完成社会化，并不断地做出选择。

因此，人需要的是整体性发展，一方面通过知识的学习和认知能力的提升来实现对世界的理性认知，另一方面通过非认知能力的培育来完善自己的心

智，丰富自己的情感，以获得爱、幸福、宁静、圆满等指向人生最高价值的能力。这是将自己作为人来发展，而不是仅仅作为知识或者他人虚假期望的容器。

二、认知能力教育与非认知能力教育应并重

在进入大学以前，在高考中脱颖而出是学习生活中最大的目标。当进入大学，慢慢预备成为一个社会人时，学习者会发现在专业学习之外还有一个广大的学习空间，这个空间不仅指向学习者的在校学业表现，抑或毕业时的就业情况，还指向学习者获得能够终身发展、幸福生活、体验完整人生的能力。在这个过程中，智商虽然重要，但是局限明显，而情商和行动力则开始发挥重要作用。甚至在很多情况之下，后者才是起主导作用的能力。因此，认知能力教育和非认知能力教育需要并重。

（一）突破头脑束缚，回归生命和生活本质

在认知教育中，我们从低阶到高阶，不断发展思维，获得参与社会分工和推动人生发展的基础。

如前文所言，人与人工智能的区别在于自我意识，自我意识的标志是反思。反思是对自己如何认知的认知，反思具有根本性的纠偏能力，能够修正自己看待世界的方式，使之与生命的本质需要保持一致。这是只有通过经历、体验与感悟才能获得的能力。它的价值在于让人清楚地意识到自身当下的状态，更清楚地认识自我、理解自我，直面现实并进行自我改进。

在判定一件事或行为是否正当或者具有合理性时，人们通常不依赖算法和逻辑，而是基于个人的判断和选择。生活情境中的选择是一个非常复杂的决策过程，决策背后都有一定的原因。对此学习者可以去追问和反思，进而对自己的行为进行调整。这就是人的自我意识发生的作用，它事实上是对个人选择的动机和影响的观念的追问，也是指导人理解生活本质和生命的过程。非认知能力在这个过程中发挥了很大作用。

非认知能力教育就是着力于人"心"的感受，让人能充分地调动自己的头脑但是又不拘泥于头脑，回归身体和心灵，回归领悟和体验，注重对悟性的培养。

（二）突破自我习性，重塑心智结构

教育是要使人获得全面充分的发展。教育若能帮助人突破非认知能力上的障碍，人就会面目一新。

非认知能力的提升可以帮助人突破在面对某一件事时内心的固有反应，实现对人的心智的重新编程。当人不受自我习性的控制，挣脱自己的遗传反应模式、固定反应模式、预设反应模式、条件反射式的紧张及匮乏，以及恐惧担忧模式时，就可以真正实现进步、改变。

简言之，非认知能力是一种成长的扩展，是由内而外的成长。人要在自己内在的本性的意识上下功夫，只有改变意识、存在状态、反应模式，稳定自己的内心，才能有效地面对外在的复杂问题的挑战。

人真正改变和进化的标志就是：面对同一境遇，内在的反应模式变了，"外在""他人""条件"也随之改变了。重塑心智结构，可以给人的生活带来好的变化。人要拥抱非认知、发展非认知，注重心灵能量，重塑心智结构。

（三）突破个人边界，获得核心竞争力

越来越多的学者指出，21 世纪的核心素养指向非认知能力。非认知能力是人特有的优势，个体只要发展好非认知能力，就能在未来占据优势。非认知能力的发展，可以让人更好地应对新环境下的不稳定性和不确定性，获得核心竞争力。

非认知能力对个人的影响是广泛而又深远的。近些年国内外的专家研究表明，非认知能力在个体发展、职场竞争以及人力资本回报等方面具有非常重要的作用。诺贝尔经济学奖得主赫克曼等人的研究发现，非认知能力既可以直接作用于个人的教育收获和职业发展，有效预测青少年完成高中教育并考入大学的概率，并可对毕业生的工资收入产生长期的、稳定的影响，也能够通过影响认知能力而产生间接效应，对个人在整个生命历程中的身心健康、婚姻幸福感和生活满意度等均具有显著影响。美国心理学博士丹尼尔·高曼对全世界 121 家公司与组织的 181 个职位的胜任特征模型进行分析后发现：67% 的胜任特征与情绪智能相关。美国学者乔治·库认为非认知能力是大学生面向 21 世纪的核心竞争力。

非认知能力教育与传统的知识文化传授不同，它更注重对大学生的信念、精神的培养。美国斯坦福大学的 MBA 招生量表，就强调了主动性、结果导向、沟通、影响和协作、尊重他人、团队领导力、发展他人、诚信正直等内

容，这些就是对非认知能力的强调和考量。2016 年 9 月，《中国学生发展核心素养》研究报告发布，明确提出学生应具备的适应终身学习、终身发展的必备品格和关键能力，分为文化基础、自主发展、社会参与三个方面，综合表现为人文底蕴、科学精神、学会学习、健康生活、责任担当、实践创新六大素养，具体细化为人文情怀、审美情趣、理性思维、社会责任、国家认同、劳动意识等 18 个基本要点。在这些核心素养中，非认知能力占据重要位置。

可以说，认知能力决定人能走多快，非认知能力决定人能走多远。

思考题

1. 非认知能力是什么？
2. 认知能力教育的载体是什么？
3. 为什么要开展非认知能力教育？

第二章　大学生非认知能力
　　　　教育的实施

用显性的方式，培养隐性的能力

本章导航

大学生非认知能力教育的内容

大学生核心非认知能力的分类

大学生非认知能力教育的途径

大学生非认知能力教育实践

　　非认知能力总体上属于隐性能力，但是既然要实现对这一能力的培养，就需要我们试图找到显性的方式和路径。在非认知能力教育中，最重要的是明确非认知能力教育的内容和途径。

　　非认知能力教育的内容是人的情商和行商。本书所认为的非认知能力，包括社会情感能力和行动力。在这些能力中，我们又进一步划分出了大学生面临社会和未来世界挑战需要着重培养的六大核心非认知能力。关于非认知能力的教育途径，本书提出了隐性化培育和显性化培育两种方式。这就形成了非认知能力教育的实施框架（图 2.1）①。

---

　　①　非认知能力教育实施框架整理自成都锦城学院校长邹广严所撰的《成都锦城学院非认知能力培育实施框架》。

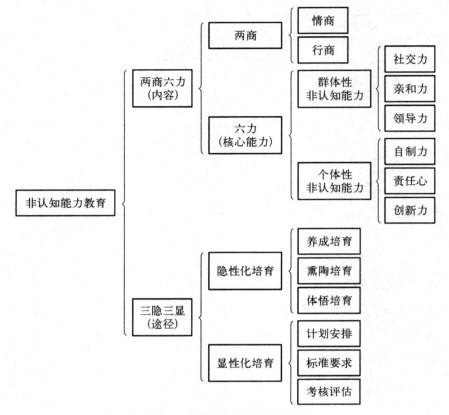

图 2.1　非认知能力教育的实施框架

第一节　大学生非认知能力教育的内容

一、情商

　　情商就是一个人的社会情感能力，归根结底是一种对关系进行处理的能力，包括处理与自己关系、与他人关系、与集体关系的能力。本节从处理与自己关系的能力、处理与他人关系的能力、处理与集体关系的能力三个方面来介绍理想的非认知能力的基本表现。

（一）处理与自己关系的能力

　　构建自我关系的能力是非认知能力的组成部分。构建自我关系的能力包括自我认知、自我认同和自我管理方面的能力。

1. 自我认知：觉知自我、认知自我

《老子》有言："知人者智，自知者明。"充分认识自己的人才能跳出个人的习惯性反应，直面自己每种行为和观念背后的动因，继而可以真正客观地评价自己和修正自己。

（1）看见自己，看见事实真相。我们几乎每天都会遇到别人，我们习惯用自己的标准去衡量别人，却很少去看别人眼里的自己。人若陷于生活习惯之中，就会成为一个当局者。当局者总是难以看清自己，容易被外在事物迷惑，被内在冲突迷惑。因此自我观察，就是为了看清自己，对自己了然，以期看清事实真相。

认识自己是实现自我价值的基础，学习者可以通过问自己"我是一个什么样的人""我喜欢什么""我擅长做什么""我想成为一个怎样的人"来探索自己，把握自己的性格、兴趣爱好、能力素质、价值观念、情感状态，探索自己的天赋和长处。自知者往往清晰地了解自己的强项与弱点，能够充分地估计自身的能力，明白面对不同境遇之时自己应有的决策。这样一来，人在面临事情之时，就不至于缩手缩脚，也不会鲁莽行动，更不会盲目地跟风模仿。

（2）认识自己的本来面目，而不是那个被外界塑造的虚假自我。人要学会跳出自我，成为一个冷静的观察者，提升觉知自己的思维、心理与行为的能力。

观察自己时要思考以下问题：自己为什么这么思考？为什么这么行动？我对自己是怎么评价的？这些评价是别人灌输给我的吗？这样想、这样做是合理的吗？我的想法是父母老师告诉我的，是从别人那里学来的，还是通过自己的思考探索而来的？

如塞·巴特勒曾言："有自知之明的人常常转动心中的明镜鉴照自己。"人只有通过不断的内省，使自己有机会摆脱盲目，保持清醒，跳出自己的惯性思维和习得性观念，才能有机会获得个人的蜕变和突破。

拓展学习　吊桥效应

心理学家阿瑟·阿伦做过一个有趣的实验：安排一位漂亮女士站在一座高高的吊桥中央。随后，他让一些单身男士通过吊桥，并在通过后给这些男士留下女方的电话号码。同样的实验也在一个只有十英尺高的小桥上进行。结果显示：经过吊桥后的男士多半给那位女士打了电话，而经过小桥的男士中仅有两人打了电话。这便是著名的心理学现象——吊桥效应。

吊桥效应是指：一个人在提心吊胆时会不自觉地心跳加速，如果这时正好碰到一位异性，就会把这种心跳加速的反应错当成心动的感觉。

简言之，外界的刺激会让大脑混淆事实和情感，从而做出错误的判断。人的一生充满不确定性，吊桥效应普遍存在于现实生活中。若因受到外界的左右，而忽视内心真正的声音，就很容易做出错误的选择。认清现实，看清自己，杜绝吊桥效应的影响，人生才能实现正向循环，持续向好。

2. 自信：个人的价值不应依附于他人

一个人有没有价值，既要看其对社会所做的贡献，也可以由自己来定义。人在各类关系中的失衡，往往来源于个人的无价值感，处于这种状态下的人需要靠别人的肯定来确认自己的价值，会因价值感缺失带来求而不得的痛苦，会导致自信的丧失，也会相继带来抱怨、控制、攻击等一系列问题。

（1）接受真实的自我，包括暂时的缺点和不完美。接受自己，包括样貌、性情、能力，对现状不抗拒、不逃避。很多人总觉得自己不够好，总想成为别人，这就是多数人感到痛苦的原因。

人要看到自己的优点，也要直面自己的缺点和不完美，不必为短处懊恼与烦闷，或者千方百计地遮掩短处，想办法改善和解决就好。缺陷也有存在的价值，不要用苛求让自己充满自卑和身心疲惫。人只有与缺憾和解，才可以看向前方更广阔的天地。

（2）看见自己的独特，了解自己的无与伦比。卡内基说过："发现你自己，你就是你。记住，地球上没有和你一样的人……在这个世界上，你是一种独特的存在。你只能以自己的方式歌唱、只能以自己的方式绘画。你是你的经验、你的环境、你的遗传造就的。你不论好坏，你只能耕耘自己的小园地；不论好坏，你只能在生命的乐章中奏出自己的发音符。""你本来就很好"，人一旦开始看清自己，就不再需要这个世界来告诉自己如何才能变得更好。

拓展学习　做自己

也许我不是最快的，

也许我不是最高或者最强壮的，

也许我不是最好最聪明的，

但有一件事，

我却可以做得比别人好，

那就是做我自己。

——伦纳德尼莫《做自己》

（3）价值建立在个人内在稳定的品质上，而非外物或他人。每个人都需要明白，个人的价值需要建立在自己内在稳定的品质上。

很多人都是凭借着一些不稳定的外在因素来建立自我价值感的，如外貌、财富、名声、婚姻等。当这些因素随着外界的变迁而持续动荡时，这类人就会感到价值感不足。只有当个人的价值建立在温暖、乐观、勤奋、坚毅等自我可控制的稳定的内在品质上时，我们才能保持自我价值感的稳定。

因此，我们的价值不应该建立在别人的认同上，也不需要依附他人，自己才是稳定的力量源泉。人要相信自己，形成自己有能力处理各种具有挑战性的情形的信念。

拓展学习　镜子技巧

镜子技巧是由美国心理学家布里斯托总结而成的心理学方法，这一方法简单、有效，可以使你增加信心，强化激情。

具体做法是：站在镜子前，看到身体的上半部分。笔直站立，后跟靠拢，收腹、挺胸、昂首，再做三四次深呼吸，直到对自己的能力和决心有了一种感受。然后凝视眼睛深处，告诉自己会得到所要的东西，大声说出它的名字。每天至少早晚做两次，还可以用肥皂将喜欢的口号，精彩的格言写在镜面上，只要它们确实代表你曾设想、并希望实现的某些事情即可。

在镜子技巧的实践中，你会发现镜子中的眼睛会产生一种你从未看到过甚至从未想到过的力量。但是这种力量又确实是你所具备的，只不过你需要通过一些技巧发掘出来。

3. 自强：管理自我，提升主动权指数

每个人都是自己命运的建造师，你只有主动行使构建命运的权利，才可以掌握命运和生活的主动权。

（1）把自己交给自己，而不是其他任何人。人需要锻炼自己独立思考和理性决策的能力，而不是盲目地根据父母的期待、社会的习惯性思维来决定自己的行为。

人在做任何事时遇到困难，第一时间想到的都不应该是寻求别人的帮助，而是思考问题。思考问题产生的原因，然后去动手解决问题。

拓展学习 海伦·凯勒的生命博弈

海伦·凯勒于 1880 年出生，1968 年逝世，活了八十九岁。她出生后十九个月便患了一场猩红热，重病夺去了她的听力和视力，变得又聋又瞎，同时嘴巴也不能发声了。在她的老师安妮·莎莉文小姐的教导之下，她从七岁开始接受教育。其间，她顽强不屈、刻苦奋斗，在经过了几年的努力后终于学会了读书和说话。她掌握的文字有英文、法文、德文、拉丁文、希腊文五种之多。她还以惊人的毅力完成了小学到大学的研读课程。她出版了 14 部著作。海伦·凯勒无论在何时何地都会给我们以振奋人心的力量。这样的人间苦难，她都能承受，还能乐观、积极向上地完成这么多伟大的事情，这就是自强不息最生动的体现。

（2）自我征服是最大的胜利。古希腊哲学家柏拉图说：自我征服是最大的胜利。人需要拥有管理自我的能力，这包括：可以稳定情绪，即通过情绪的自我调节来适应环境、应对压力，面对困难和挫折时能进行自我激励；可以反思和管理自己的行为，拥有责任心和自制力。

拓展学习 棉花糖实验

哥伦比亚大学心理学家沃尔特·米歇尔在斯坦福大学保育园用如下方法测量了 186 名 4 岁儿童的自制力，这个实验也称"棉花糖实验"。首先他向儿童出示棉花糖，然后告诉儿童什么时候吃棉花糖都可以，但如果儿童能在大人回到房间之前忍住不吃的话，则之后可以吃两颗。随后大人走出房间，出去 15 分钟之后，再回到房间。结果，186 名儿童中约有三分之一的儿童能够忍住，最终吃到两颗棉花糖；剩下三分之二的儿童不能忍耐，最终只能吃一颗棉花糖。此后米歇尔教授进行了追踪实验，结果表明这些儿童在高中时显示出相当大的差别。自制力强的儿童在高中时的成绩要比那些自制力差的好得多。这个实验说明了自制力的重要性，它极大地影响着个人的未来。

（二）处理与他人关系的能力

作为一个社会人，构建与他人的关系是一件重要的事情。良好的人际关系应该具备什么样的特点呢？简单地说，就是需要令双方都满意。这个满意建立在友善、尊重、有边界、亲密等特点之上。

1. 友善：同理心与共情

同理心和共情能力是人际关系的润滑剂。同理心是一种理解他人的情绪和想法的能力，是对他人"有什么感受""为什么有这样的感受"的感同身受。共情，是一种站在对方立场设身处地思考的能力，即于人际交往过程中，能够体会他人的情绪和想法、理解他人的立场和感受，并站在他人的角度思考和处理问题。

拥有同理心和共情能力意味着人能够从情感上理解他人，让他人感觉到被关心、在意，从而实现双方感情上的吸引和互通。

（1）共情跨越人与人的鸿沟，带来深层次的相互理解。共情是对他人想法和感觉的觉察力，是人与人之间相互联系的纽带。共情让人用心去聆听他人心里的真实声音：他感觉怎么样？他是怎么想的？他最看重什么？这能帮助人真实地感觉到他人的感觉、想法、动机、判断和主意。

共情具有相互作用，如果你共情别人，别人大概率会加倍共情你，这就实现了人与人之间在更深层次上的相互理解。

因此，共情是带领人跨越心的鸿沟的桥梁，可以帮助人们建立起更深入、真诚的关系。通过理解他人，也能让人同时体验到生命中最具意义的其他情感体验，如感恩、宽恕、慈悲和爱。

（2）温和与友善比愤怒和暴力更强劲有力。美国前总统威尔逊说："如果你握紧两个拳头来找我，对不起，我敢保证我的拳头会握得和你一样紧。"在人际关系中，温和与友善总是要比愤怒和暴力更强劲有力，它能帮助人们消除生活的孤独、恐惧、焦虑等负面情绪，还能帮助人们建立起互爱的关系。任何人都不会无缘无故地接纳我们、喜欢我们。别人喜欢我们是有前提的，那就是我们也喜欢他们，承认他们的价值，给他们以某种程度的安全感。

2. 尊重：接纳差异，和而不同

人际冲突产生的重要原因之一，就是无法接受别人与自己的不同。

（1）承认差异，尊重差异。承认个体存在差异，是与人相处的重要前提之一。每个人都是独立且独特的个体，不要试图去剥夺别人的特别，更不用为自己的特别感到抱歉。每个人都有自己的想法，也有表达自己想法的权利，应该抱着客观的态度与他人交流，理性探讨问题，尊重彼此间的差异，而不是带着"我的观点就是对的"这种想法，试图去同化别人。

（2）和而不同，兼容并包。和而不同是一个古老的命题，关涉君子人格与处世态度，是孔子对君子的基本要求之一。他讲："君子和而不同，小人同而不和。"和而不同指的是一个人虽然坚持自己的价值选择，但也尊重他人的不同选择。只有在接纳"不同"的基础之上，才有可能实现真正的"和"。

杰斐逊有一句名言："也许我不同意你的观点，但我一定举双手维护你说话的权利。"我们如此不一样，但是不妨碍欣赏和尊重彼此；我不认同你，但我可以容忍你有不同的意见，我也不隐瞒自己不同的观点。

拓展学习 我有这个权利

说"我不知道"的权利

说"不"的权利

有选择的权利并可以表达出来

有表达感受的权利

有权做决定并对结果负责

改变心智

有权安排我的时间

犯错的权利

总的来说，自由权利这张表表明了你的自由。同时也提醒你，其他人拥有同样的自由权利。

——吉利安·巴特勒和托尼·霍普《掌控你的心灵》

3. 有边界：最好的关系是亲密有间

保持良好关系的方法之一就是保持一定距离——既能感受到对方的温度又不打扰对方。距离产生美，生活中把这种距离称为朦胧美、和谐美。心理的空间距离一旦被侵犯，就会产生不舒服、不安全的感觉，甚至使人变得恼怒起来。

（1）好的关系，需要留有个人空间。好的关系，是可以亲近地保持距离。亲人之间，距离是尊重；爱人之间，距离是美丽；朋友之间，距离是爱护；同事之间，距离是友好；陌生人之间，距离是礼貌。适当的距离才是表达情感的最佳方式。

最好的相处，是不轻易打扰。长时间不分你我，难免会忘记分寸，以至于过多地干涉对方。因此再好的关系都要为彼此留出个人空间。在这个空间里，每个人都有权产生不同的想法，有权安排自己喜欢的事情。尊重个人空间，就意味着你接受他人的不同之处，尊重他人表现不同的权利，以及包容他人拥有不同的想法。

拓展学习　豪猪哲学

　　一群豪猪在一个寒冷的冬天挤在一起取暖。但是它们的刺毛总是弄伤对方，于是不得不分散开。可是寒冷又使它们聚在一起，于是同样的事发生了。经过几番聚散，最后它们发现最好是彼此保持一定的距离，这样既能互相取暖，又不刺痛对方。

（2）界限感，是对关系的保护。越亲密的关系，越需要界限。边界，是对关系的保护。

　　有位心理咨询师说："所谓的边界并不是不靠近，而是在尝试靠近的同时，尊重了别人说'不'的权利。"尊重他人的感受，允许别人拒绝，允许别人寻找让自己舒服的相处方式。同时，你也应该让对方知道自己的边界，让自己在一段关系中既能获得亲密感，也能保持自我。

　　两个人之间设立合理的界限，可以让彼此都感觉舒服，成就一段健康持久的关系。合理的界限，要表达一种友好的态度，表达把对方放在心上的情感，即"虽然我们的关系中设立了界限，但我也能够容纳你到这里。在一定的范围内，我都尽可能地接受你、拥抱你，让你感受到我的关心"。

　　界限感，是尊重的表现，更是爱的展现。

　　4. 亲密：修炼爱的能力

　　亲密关系是人生命中最重要的关系，它存在于我们和亲人、爱人、朋友之间，是一种内在的、深邃的、紧密相连的关系。亲密关系下的彼此能在相互信任中产生情感上的依赖和亲密。而它的核心，就是爱。

　　爱，是对人类生存问题的一种回答，是处理亲密关系的有效方法。人人都渴望获得爱，希望从父母、爱人、子女、朋友那里获得爱，但很多人从爱中得到的却是遗憾，而并非完满。因为爱不仅是一种情感，也是一种活动，还是一种能力，只有去修炼爱的能力，才能获得更好的爱。

　　（1）爱是一种给予，而不是索取和交换。真正的爱，其动机是付出和分享的欲望，而非满足自我需求或者弥补自我不足的欲望。

　　爱的给予不是牺牲和放弃，不需要获得对等的回报。爱的给予是一种唤醒，在给予中能感受生命充满活力和愉悦的体验；爱的给予意味着自己的富有和力量，意味着一种潜力。因此，给予并不是为对方牺牲自己，而是奉献出自己内心最富生命活力的东西。我们可以给予对方快乐、兴趣、理解力、知识和幽默。给予，不仅丰富了对方的生命感，也丰富了自己的生命感。

（2）成熟的爱应该包含关心、责任、尊重和了解。爱是对所爱对象的生命和成长的关心，这种关心是积极的而非消极的，是主动的而非被动的。如果缺乏关心，爱就只是一种情绪。

责任是一种自愿的行为，是一个人对另一个人表达或没有表达的需要的反应。

尊重是按照其本来面目发现一个人，认识其独特个性，让其成长和发展顺其自身规律和意愿。

了解对方可以促进对对方的尊重。尊重是指，希望一个被我爱的人以他自己的方式和为了自己去成长、发展，而不是服务于我。没有关心与尊重，就没有爱。

（三）处理与集体关系的能力

人总是无法避免地处在大大小小的集体中。大多数情况下，人还需要在集体中谋求自我的发展。在集体中，如果每个成员都没有协作意识、各行其是，那么目标将永远无法实现。只有大家密切协作，才能使集体焕发出生机和活力。人也能在集体中找到个人的价值。

拓展学习　地狱与天堂

牧师请教上帝：地狱和天堂有什么不同？

上帝带着牧师来到一间房子里。一群人围着一锅肉汤，他们手里都拿着一把长长的汤勺，因为手柄太长，谁也无法把肉汤送到自己嘴里。每个人的脸上都充满绝望和悲苦。上帝说，这里就是地狱。上帝又带着牧师来到另一间房子里。这里的摆设与刚才那间没有什么两样，唯一不同的是，这里的人们都把汤舀给坐在对面的人喝。他们都吃得很香、很满足。上帝说，这里就是天堂。

同样的待遇和条件，为什么地狱里的人痛苦，而天堂里的人快乐？原因很简单：地狱里的人只想着喂自己，而天堂里的人却想着相互喂汤。

1．自由和规则：自由的边界是别人的自由

人生而自由，但一个人的自由不能妨害另一个人的自由。掌握了这个原则，就掌握了在集体中享有自由和遵守规则的界限。

（1）一个人的自由不能妨碍另一个人的自由。自己的自由以不干扰、侵犯别人的自由为前提。

卢梭在《社会契约论》中说："人生而自由，却无不在枷锁之中。"自由的枷锁是什么？那就是别人的自由。如果一个人不懂得尊重和捍卫他人的自由，那他就不配拥有自由。因为他为所欲为的所谓自由，对于别人乃至整个社会来说，都是一种灾难。闻歌在《本能与文明》中写道："若群体中个人自由被侵犯，不仅被侵犯的个体自由减少，其他人因对自由保障缺乏信心，其自由也会减少。"简单来说，在群体中的个体没有绝对的自由，任何个体的绝对自由都是对他人自由的侵犯。

（2）规则是对自由的保障。草原上住着几十户人家，这里的人都靠牧羊谋生。一开始，每户人家都可以自由地决定羊的数量，所以每个牧羊人都倾向于自己养的羊越多越好。可是后来羊越来越多，牧草变得越来越稀疏，大量的羊因为没有草吃饿死了。牧羊人意识到，如果失去了赖以为生的草地，也就没办法继续养羊了，所以制定了规则去规定每户人家饲养羊的数目。在规则要求下，大家减少了羊的数量。后来，草原渐渐恢复，牧民们恢复了以往的生活。

规则与自由是既对立又统一的。无所敬畏的自由和毫无顾忌的任性不是真正的自由，缺少规矩和框架的自由是没有灵魂的。一个人生活在一个集体中，必然面临遵守规则的限制，然而规则的制定又是保障个人自由的有效手段。自由是在规则约束下的自由，规则带有一定的强制性，但没有这种强制性，自由也就无法实现。试想如果每个人都随心所欲、为所欲为，那么学习环境、工作环境、生活环境、社会环境就失去了正常的秩序，个人的自由自然也无法获得保障。

2．合作与责任：完美团队好过孤胆英雄

歌德说："不管努力的目标是什么，不管他干什么，他单枪匹马总是没有力量的。"合群永远是一切善良而又有思想的人的最高需要。

一个人的力量有限，但是如果和集体形成合力，就有机会实现个人所无法实现的目标。一个完美的团队胜过一名孤胆英雄。

一个人处于集体中，需要有集体精神，认同集体文化、参与集体协作、承担集体责任。人只有完成了自己在集体中的职责，和其他成员相互协助，共同完成集体事务，才能实现集体相较于个人的组织优势。人要学会在集体中进行沟通、学会化解冲突、学会和意见不同的人协商合作以共同达成组织目标。人要学会求助，也要学会帮助他人。

拓展学习　到海里去

　　释迦牟尼曾问弟子一个问题："怎样才能使一滴水不干涸？"众弟子面面相觑，不知道怎么回答。释迦牟尼说："把它放入大海里吧！"

3. 担当与贡献：个人价值与集体价值的结合

个人要在集体中获得发展，必然要对集体有所贡献。当个人对集体的发展做出了贡献，自然就找到了自己在集体中的个人价值，而个人也能在集体中获得发展。因此，把个人价值和集体价值相结合，是人在集体中获得发展的重要途径。

（1）担当就是接受并承担起责任。担当，是一种态度，亦是一种责任感；是一种接受，亦是一种行动。

在人的一生中，每个人都要接受并负起责任的对象有很多，对自己，对家庭，对工作，对朋友，对社会，对国家等。歌德说，责任就是对要求自己去做的事情有一种爱。不同的社会关系和角色赋予人不同的责任，但有一点是一致的：我们应接受并承担起各种责任。

一个富有责任感的人，会明确自己肩负的责任是什么，知道如何担当自己的责任，并努力履行好自己的责任。

（2）将个人价值融入集体价值中。一个人不管怎么优秀，他的力量也是微薄的，只有像滴水汇入海洋那样，全身心融入团队中，才能获得无穷无尽的力量。

比尔·盖茨曾说："在社会上做事情，如果只是单枪匹马地战斗，不靠集体或团队的力量，是不可能获得真正的成功的。这毕竟是一个竞争的时代，如果我们懂得用大家的能力和知识的汇合来面对任何一项工作，我们将无往不胜。"社会中的工作是一台结构复杂的大机器，参加工作的人就好比机器上的零件，只有将各个零件凝聚成一股力量，这台机器才能正常启动和运转。因此，只有充分发扬每个人的长处，扬长避短，共享资源，形成合力，集体才能创造更多的价值，个人才能最大限度地实现自身价值。

可见，当你将自己视为团队整体的一部分，与团队中的每一位成员紧密合作时，你才能最大限度地发挥出自己的潜能，实现自身的个人价值。不要把自己变成一只孤独无依的鹰，而要成为一只群居的大雁，保持合作，共同抵抗风雨，实现整个种群的壮大，在取得团队成功的同时实现个人价值。

二、行商

行商是评价人从事具体事务能力的标准，也称行动力。行动力是指激发和维持某种目标而进行活动的一种驱动力，是以目标为导向的行为能力。对个体而言，主要表现为自制力；对团队而言，主要表现为领导力。有了行动力才有可能取得成功，不然再美好的梦想和目标也只能是空幻的蓝图。

拓展学习　起码，你也该先去买一张彩票吧

有位落魄不堪的年轻人，每隔两三天就到教堂祈祷。他跪在圣坛前，虔诚地低语："上帝啊，请念在我多年来敬畏您的分上，让我中一次彩票吧！"三天后，他又垂头丧气地来到教堂，同样跪着祈祷："上帝啊，为何不让我中彩票？求您让我中一次彩票吧！"又过了三天，他再次出现在教堂，同样重复他的祷告。如此周而复始，不间断地祈求着。直到有一次，他有些不耐心了，对着圣坛道："我的上帝，为何您不听我的祷告呢？让我中彩票吧，只要一次，让我解决所有困难，我愿终身侍奉您……"他话音刚落，一位牧师走过来说："上帝让我转告你，他一直在听你的祷告，可是最起码，你也该先去买一张彩票吧！"

（一）行动：当下的力量

英国前首相本杰明·迪斯雷利曾指出，虽然行动不一定能带来令人满意的结果，但不采取行动就绝无满意的结果可言。

行动能带来回馈和成就感。通过行动得到的自我满足和快乐，是无法通过其他方法获得的。如果你想寻找快乐，如果你想发挥潜能，如果你想获得成功，就必须积极行动，全力以赴。

拓展学习　与其，不如！

连绵秋雨下了几天，在一个大院子里，有一个年轻人淋得浑身湿透，

但他似乎毫无觉察，满天怒气地指着天空，高声大骂着："你已经连续下了几天雨，弄得我屋也漏了，粮食也霉了，柴火也湿了，衣服也没得换了，你让我怎么活呀？我要骂你、咒你……"年轻人骂得越来越起劲，但雨依旧淅淅沥沥下个不停。这时，一位智者对年轻人说："你湿漉漉地站在雨中骂天，过两天它一定会被你气死，再也不敢下雨了。"

"它才不会生气，它根本听不见，我骂它其实也没什么用！"年轻人气呼呼地说。

"既然明知没有用，为什么还在这里做蠢事呢？与其浪费力气在这里骂天，不如为自己撑起一把雨伞。自己动手去把屋顶修好，去邻家借些干柴，把衣服和粮食烘干，好好吃上一顿饭。"智者说。

与其在困境中哀叹命运不公，不如把这些精力用在改变困境的行动上。

一位哲人曾这样说过："我们生活在行动中，而不是生活在岁月里。"一个人要改变生活，首先要行动起来，只有行动才是改变现状的捷径。

天下最可悲的一句话就是："我当时真应该那么做，但我却没有那么做。"经常会听到有人说："如果我当年就开始做那笔生意，早就发财了！"一个好创意胎死腹中，真的会叫人叹息不已，永远不能忘怀。一个人被生活的困苦折磨久了，如果有了一个想要改变的梦想，那他就已经走出了第一步，但是若想看见成功的大海，只走一步又有什么用呢？

人生总有很多令人左右为难的事情，如果自己在做和不做之间纠结，那么请不要反复推演，立刻去做，鲁莽的人反而更容易成功。因为如果不做，这件事情就会永远地成为脑中的假想，由于没有真实的反馈，"如果"的诱惑会越来越大，最终肯定会让自己后悔。而去做这件事，就意味着进行了一次尝试、反馈、修正、推进的循环，最终结果有好有坏，但不至于令人后悔。

（二）自制：觉知自我的行为

自制力是人面对自己的行动力。自制力即自我控制的能力，是个人对自己的思维、情绪及行为等身心活动的监控和主动调控的过程。即在没有外部监督的情况下，个人能遵从自己的期望，选择对于某种行为的放弃与坚持、执行与停止。

1. 合理地管理两种自我

我们的脑袋里有两个自我。一个自我任意妄为、及时行乐，另一个自我则克服冲动、深谋远虑。合理地管理两种自我，使它们和谐地相处，才是最有效的方式。无论从哪个方面看，能够更好地控制自己的注意力、情绪和行为的人，都会活得更幸福。他们的生活更快乐，身心更健康，人际关系更和谐，恋情更长久，事业也更成功。他们能更好地应对压力、解决冲突、战胜逆境。

2.保持自我选择的主动权

自制力能够引发或抑制特定的行为，包括抑制冲动、抵制诱惑、延缓满足、制订和完成行为计划、采取适应社会情境的行为方式等。自制力是自我意识的重要组成部分，它的实质是个人在具有不同价值的行为中进行选择的过程，也就是个人对自己的行为的选择。

因此，对个人行为的觉知是获得自制力的第一步。个人放弃了对自己行为的察觉和主动权，是丧失自制力的根本原因。缺乏自制力的人，首先要做的是拿回自己行为的主动权。

（三）领导：影响他人的能力

领导力是领导者影响别人并激励别人一同实现群体或者组织目标的能力。良好的领导力包含了阐明意图和方向的能力、施加个人影响的能力、战略思维、激发他人潜能的能力、学习能力、沟通能力等。归根结底，领导力是一种影响力和把控力，可以带给人方向感和信任感。

拥有领导力的人既受天生个性特质的影响，也可以靠后天来练成。拥有领导力的人要有良好的自我认知、自我认同，并且有足以让别人信任的信念。领导力通过领导技能的学习也可以获得一定程度的提升。

总而言之，当个人拥有良好的心智情感能力，能够自信而有效地运用资源的时候，人们才会相信他具有领导能力。

第二节　大学生核心非认知能力的分类

非认知能力教育的整体目标是提升学生的情商和行商，在这个大目标下，非认知能力还可以做更多的细分，如组织领导、合作沟通、团队协作、情绪管控、负责担当、包容性、创造性等。哪些能力是当下大学生应该着重培养的核心非认知能力呢？

一、非认知能力的分类

非认知能力是过去二十多年教育和经济领域研究的热点，除了非认知能力这个专有用词之外，各领域的专家学者还用过情绪智力、品格教育、情商教育、社会学习、社会与情感教育等概念进行论述。很多组织、机构和个人都对非认知能力进行了深入的论述，对人应该具备一些怎样的非认知能力也进行了探索。

（一）相关研究结果

在国内相关研究中，燕国材认为非认知能力的内容是指个人的良好心理素质，包括意志力、道德修养、勇气、自信等[①]。金红昊认为非认知能力应该包括对环境的适应力、对情感的调节力、对意志的控制力、对情绪的管理力和对社会的行动力等[②]。

2013 年，我国教育部与联合国儿童基金会就合作开展了"社会与情感学习"项目，并在我国中西部 11 省的 16 个县区的 500 多所学校试点，目的是让学生学会自尊与自我管理，具备社会意识和人际沟通的技能，能够理解他人情感，具有同理心，形成积极的人际关系，针对不同情境解决问题并做出负责任的决定等[③]。

在国外相关研究中，经济合作与发展组织自 2017 年以来在全球 11 个国家和地区开展了社会与情感能力国际比较研究，将任务表现、情绪调节、协作、思维开放、与他人交往五个方面作为测评重点。美国加利福尼亚州开发了一套学校质量评估指标体系，其中社会与情感主要考核指标包括成长性思维、自我效能、自我管理和社会意识四个方面[④]。

各种研究和项目对于各项细分能力的强调，代表了各个机构看重哪些非认知能力。总体而言，大家认为非认知能力主要包含以下几个方面。① 自我意

---

① 燕国材：《非智力因素与学习》，上海教育出版社 2006 年版，第 3—10 页。
② 乔治·库、金红昊：《非认知能力——培养面向 21 世纪的核心胜任力》，《北京大学教育评论》2019 年第 3 期，第 2—12 页。
③ 黄忠敬：《社会与情感能力：影响成功与幸福的关键因素》，《全球教育展望》2020 年第 6 期，第 102—112 页。
④ 黄忠敬：《如何在学校开展社会与情感能力教育?》，《中国教育学刊》2021 年第 2 期，第 6—11 页。

识，即认识到情绪和价值观对人的影响，并能够客观地评估一个人的优势和局限性。② 自我管理，能够设定和实现目标，能够处理情绪，达成实际任务。③ 社会意识，意识到人对于群体的价值，对他人的观点和感受表现出理解和共情。④ 人际关系技巧，能与他人建立和保持健康的关系，实现个人在群体中的适应和发展。⑤ 社会责任，负责任地决策和问题解决，对个人和社会行为做出合乎道德的、有建设性的选择。

（二）核心非认知能力

非认知能力具有一个庞大的范畴，大学生要从什么地方着手，实现自己在非认知能力上的提升？我们认为，非认知能力应该包含社会情感能力和行动力，不仅包含与自己、他人建立关系的能力，也包含自我驱动和行动执行的能力。

人工智能时代，科技的进步更加呼唤关系的温度，处理好人际关系的能力比以往更加重要。社交力是人完成社会化过程的必备能力。亲和力是通往群体合作的桥梁。领导力是在群体中达成自我价值实现的一种最重要的能力。

从自我驱动来说，自制力几乎是实现一切非认知能力的基础。责任心是目前各种机构所强调的能力底线。创新力是人工智能时代人与机器的本质区别之一，也是未来人力资源最为强调的人才的独特优势。

因此，我们把面向未来的核心非认知能力大致分为群体性非认知能力和个体性非认知能力，即在群体中获得发展应该具有的社交力、亲和力、领导力，以及作为人个体应该提升的自制力、责任心、创新力。

二、群体性非认知能力

群体性非认知能力主要是针对群体的关系进行处理，是群体活动所需的重要能力，主要体现为社交力、亲和力、领导力。

（一）社交力

社交力是人实现社会化的基础能力，因为人总是生活在关系中。

社交力作为社会人的人际交流与沟通能力，包括与周围环境建立广泛联系并对外界信息进行吸收、转化的能力，以及妥善处理各种关系的能力。人不仅是生物个体，更是社会成员。从人类社会产生的那一天起，人就与社会交往结下了不解之缘。随着社会的进步，生产劳动越来越社会化，社会分工越来越细致，对社会交往的要求也越来越高。每个人都必须与他人建立广泛的社会关系，包括亲属关系、师生关系、朋友关系、工作关系等。只有通过社会交往，人与人之间、人与社会之间才能建立稳定的社会关系，人才能从"生物人"过渡到"社会人"。

社交中包含着思想、情感的交流，包含着友爱、互助、欢乐、依恋等感情，人从中汲取力量，会得到鼓舞。社交会帮助人在生活中保持一定的健康活跃的状态，也能帮助人获得更多人的支持和帮助。因此社交力是一种生活技能，也是在群体中获得自我实现的助力。

（二）亲和力

亲和力是通往群体合作的桥梁，也是通往其他群体非认知能力的通道。

《哈佛商业评论》曾经刊登过一篇文章，分析人们如何选择工作伙伴，结果显示：人们在工作中选择搭档主要依据两条标准，一是工作能力，即对方知道该怎么干活；二是亲和力，即和对方一起干活有意思。普林斯顿大学的社会心理学家阿莱士·托多罗夫和同事研究了人们的"自动个性猜测"，即我们在扫描他人面庞时所做的瞬间判断。结果显示，在做判断过程中，人们对亲和力的判断总是比对其他能力的判断更敏感。这些结果表明，亲和力是一个人在群体中最易被迅速感知的，能促进群体合作的一种能力。

越来越多的研究显示，发挥影响力和领导能力，首先需要从亲和力开始。亲和力是影响力形成的通道，也是社交力的重要影响因素，它可以让我们和沟通对象之间产生互动并形成互相吸引的气氛，也可以消除沟通过程中的障碍与不和谐的因素，还能主动让别人对我们产生好感，并认同我们。

（三）领导力

领导力是人在群体中获得自我价值实现的重要能力，因为领导力意味着对更多人的影响。

领导力是一个人改变和影响他人心理和行为的能力，是一种能够激发团队成员的热情与想象力，一起全力以赴、共同完成明确目标的能力。拥有领导力的人也拥有良好的个体决策力、组织力、感召力，拥有从现象中看到本质规律的思维，拥有利他和共赢的精神。

无论我们是否身居领导者的位置，都应该或多或少具备一些领导能力。这是因为，有了领导力，才可以获得更多人的支持；有了领导力，做事才能从宏观大局上去考虑，获得更长远和开阔的眼光；有了领导力，才能跳出一个人、一件事的视野，用一种整体化的思路来看待我们所处的世界；有了领导力，才能在关注自我需求之外，更多地把目光投向我们身边的人，关注他们的感受。

三、个体性非认知能力

个体性非认知能力是指在个体活动中发挥重要作用的非认知能力，主要体现在个人层面，包括自制力、责任心、创新力。

（一）自制力

自制力是个体非认知能力的核心。

自制力是个体对自己的思维、情绪及行为等身心活动的监控和主动调控的过程，是个体自我认知、调节以及实现自我超越的基础。自制力可以促使个体对本我和世界进行反思，观察自己的思维和行动，审视外界的发展和变化，唤醒个体的主权意识。因此，自制力建设的核心在于个体的内在建设，强调内驱力对个体超越自身需求和冲动、控制情绪想法的强大驱动作用，从而实现自我超越。

心理学家利兰说过，自制力就是那把能够开启人的观察力和征服力之门的钥匙。一个人在事业上的成功需要时刻保持对自我和外界的反思，需要理智地对待周围所发生的人和事，有意识地梳理内在思想情感，控制言谈举止，做出更为理性、合理的言行表达。一个能够对自己进行审视和内观，并且长期维持这种状态的人，将会获得无比巨大的力量。这种力量不仅能够完全控制一个人的精神世界，而且能够使人的心理发展水平达到前所未有的高度，让一个人得到以前从未想过能拥有的智慧和能力。

（二）责任心

责任心是社会所强调的个人底线能力之一。

责任心是个人对现实生活中各种责任关系的反应，是社会和他人的客观要求在个体身上引起的主观认识和内心体验。责任心不是一种由外部强加在个体身上的义务，而是个体需要对所关心的事件做出的反应。它直接决定着个体在活动中的态度，决定着其执行力及效率。只有具备责任心的人才能主动去完成自己的任务，具有责任心是一个人做人、做事的根基所在。一个具有责任心的人，会得到别人的认可，会赢得他人的信任和尊重，能够在现实中成为最有意义的存在。

责任从本质上来说，是一种与生俱来的使命，责任就是对自己所负使命的忠诚和信守，责任是人性的升华。对于生活在社会中的人来说，责任也代表着一个人的个体和社会成熟度，对于处于成长中的大学生而言尤有意义。

（三）创新力

创新力是人在现代社会极为重要的一种能力，代表着非认知能力的高峰。

在人工智能时代，很多重复性、简单性工作在消失，人类也需要从事更多具有创造力和促进人类幸福感的工作。李开复曾经大胆预测，人类在未来只剩下"创造力"和"有爱心的工作"。在未来，能保持知识更新并能进行创造性的运用，是人最有价值的工作之一。

创新力是个人保持好奇、进行不同尝试、迸发灵感，继而产生出某种新颖、独特、有社会或个人价值的事物的能力。创新力是以新方式看待已存在事物的能力；是破除过去、破除制约和限制性的能力；是拥抱不确定，敢于面对挑战、面对未知的能力；是保持新鲜好奇、敢于进行不同尝试，热爱美和生活的能力，代表着个人非认知能力的高度活跃。

第三节　大学生非认知能力教育的途径

在传统的认知中，非认知能力是隐性的。隐性是指难以用明确的言语、概念表达的能力。因此，在以往的教育中，教育者常常以学生的"综合素质"来笼统地概括非认知能力，通过课外活动、团体协作、综合素养课程等笼统地进行非认知能力的提升。这里尝试探索一种更有效率的教育方式，能用更清晰的路径来帮助学生成长。

我们把非认知能力教育的方式分为两种，一种是隐性化培育，即通过养成、熏陶、体悟的方式来为非认知能力的成长提供水到渠成的氛围；另一种是显性化培育，即采取针对性的方式来提升某项非认知能力，并对过程和结果进行评估。两种方式并行，能带来积极的结果。

一、隐性化培育

邹广严提出，为了保证非认知能力培养，要在教育的"育"字上下功夫，开展"三大培育"，即养成培育、体悟培育、熏陶培育。

（一）养成培育

养成培育就是通过养成学生的良好习惯，以达到提高非认知能力的目的。

19世纪心理学家威廉·詹姆斯曾说过："我们的生活……，只不过是一些习惯而已。"习惯构成了我们的行为，行为影响着观念的形成，行为和观念又一起决定着人的能力的高低。因此，习惯的改变和养成，可以有效地提升非认知能力。

查尔斯·杜希格在《习惯的力量》一书中提出了习惯回路的概念。他认为，习惯是神经系统的自然反应，每个习惯存在一个回路，习惯的回路由三部分组成——提示、惯常行为、奖赏。生活中的很多行为都可以成为某个习惯回路的提示，例如喜好娱乐的人拿起手机，就会想到浏览视频；认真学习的学生走进图书馆，就会想到好好学习。这里面也包含了很多习以为常的行为，以及完成一个习惯回路之后所获得的奖赏。这些奖赏可能是感官上的快乐，也可能是情绪上的放松或心理的满足感。因此我们会看到，养成一个习惯之后，就形成了一个回路。这个回路类似于条件反射，只要相关的提示存在，就几乎不可能更改。可以说，习惯不能被消除，只能被替换。

因此，我们要致力于养成良好习惯。首先要明确养成什么习惯，其次要进行反复训练。有研究表明，养成一个习惯需要21天，稳定一个习惯则要85天。

（二）熏陶培育

熏陶培育就是利用风气、环境和示范默化等方式来影响人的非认知能力。

良好的风气和环境会推动非认知能力的正向提升，因为从众心理会使环境成为一种培育能力的因素。荀子在《劝学篇》中说"蓬生麻中，不扶而直""君子居必择乡，游必就士"，讲的便是近朱者赤、近墨者黑的道理。环境会对人的成长和发展产生很大的影响，正如孟母择邻的故事：孟子其母在他少时为了给他选择一个有利于学习的环境，曾经多次搬家，最终良好的学习氛围成就了日后的孟子。

示范和默化也是一种提升非认知能力的有效途径。唐代韩愈曾说"耳濡目染，不学以能"，可见熏陶对培育学生的人际关系、责任意识和创新精神等大有裨益。在实际的生活中去观察非认知能力高的人如何做人行事，积极感受他们在态度、精神、意识、作风等各方面的正向影响，是一种有效的学习方式。

大学生的成长进步不仅是靠师长教育出来的，也是经环境氛围熏陶出来的，因此，大学生要有意识地让自己融入有好风气的群体和环境中，去和有良好非认知能力的人做朋友，自己的非认知能力就会在无形中得到提升。

（三）体悟培育

体悟培育，就是通过亲身经历来获得经验、悟出道理，从而使非认知能力提升的一个过程。

"体"指的是设身处地、亲身经历；"悟"指的是悟出道理，获取心得。体悟具有过程性、亲历性和不可传授性，是充满个性和创造性的过程。在中国历史中，很早就有关于体悟的案例，例如《庄子·天道》里就讲了一个故事，一个匠人向齐桓公谈论砍削车轮的体会，说动作慢了不行，快了也不行，要不慢不快，得之于手而应之于心，这里面有一种不能以言语传授的技巧，这就是体悟。

此外，德国格式塔派心理学家 W.苛勒提出过一种学习理论，他认为学习不是盲目的尝试，而是对情境认知后的顿悟。他曾经做过一个实验，将香蕉悬挂于黑猩猩笼子的顶部，使它够不着。但笼中有一个箱子，当黑猩猩识别出箱子与香蕉的关系后，就会将箱子移近香蕉，爬上箱子，摘下香蕉，这即是顿悟。顿悟是自发地对某种情境中各刺激间的关系的豁然领会。从心理学角度讲，体悟是理智的直觉，是建立在个体内部知觉基础上的一种特殊活动，它总是与个体的自我意识紧密相连。因此，一个人在成长过程中，需要亲身经历、亲自验证，才能获得科学知识，养成道德品质，掌握技能。

体悟培育要求个体不仅要用自己的头脑去想，还要用眼睛看，用手操作，更要用心灵去感悟。

总的来说，体悟教育包括四个阶段：

（1）亲历阶段，即个体亲身经历某一件事或某一个情境的阶段。

（2）成形阶段，即个体对上述亲历过程进行抽象概括，形成概念或观念的阶段。

（3）检验阶段，即个体在新情境中检验所形成的概念或观念的阶段。

（4）反思阶段，即反思已经形成的概念或观念，产生新经验、新认识，并不断产生体悟循环的阶段。

正如毛主席在《实践论》里讲的，你要知道梨子的滋味，你就要亲口尝一尝梨子。一个人要培育自己的组织力，可以尝试当个学生干部或组织一个社团；一个人要提高自己的领导力，可以尝试领导一个项目或组织一个活动；一个人要提高自己的思辨能力，可以多参加一些辩论大赛。实践和体悟，是实现非认知能力提升的有效方法。

二、显性化培育

非认知能力教育的显性化，是要从底层解决观念对于非认知能力的影响，并为学生展示一个可践行的提升路径。

（一）从潜意识到显意识

就学生内在而言，非认知能力教育的显性化，是要让其明确控制自己的想法、指挥自己的行为的观念是什么，使潜意识显化，再用好的显意识去影响自己的潜意识，从而实现非认知能力的提升。

社会情感能力和行动力的高低，从根本上说受到个人观念的影响。这些观念影响着个体和世界建立联系的方式，也影响着个体日常做每一个细小选择的方式。经典精神分析创立者弗洛伊德认为，观念或心理过程并不一定会被人意识到，它们如同受过训练的潜伏人员，小心翼翼地藏在人们的大脑中，从不显露自己的行踪，却在不知不觉中影响人们的行为和日常生活。观念背后，尤其是个体未经反思的观念背后，是庞大的潜意识。

潜意识是主体未知觉到的内隐于思维阈限下的场化信息，它是由本能、遗传、训练等积淀而成的一种在主体自觉意识之外自动控制进行的思维场的潜效应。经现代脑科学、心理学的实验证实，潜意识能阻滞和过滤掉来自外部世界的大部分刺激，而仅让经过筛选的少量刺激信息通往显意识。也就是说，在整个意识场中的大多数信息源，是在潜意识层面下加以处理和整合的，而理性和意识思维对外界刺激信息的处理则相对有限。因此，潜意识对于个体的观念和行为的影响很大，但往往不为人所知。[①]

非认知能力教育的显性化，就是要让人回到自己的内在，分析是什么潜意识在影响着自己的观念，以及这些观念是否正确合理。当清楚了自己的观念，以及其背后的动因，个体才可以让自己的观念塑造的主动权又回到自己的手里，于是潜意识就变成了个体的显意识。当进行了有意识的反思之后，那些显意识又会沉淀到潜意识里，这种"显意识—潜意识—显意识"的双向动态思维运动，充分调动了个体的意识潜能，能够真正重塑个体的观念，和影响个体的行为。

拓展学习　冰山理论

冰山理论是萨提亚家庭治疗中的重要理论，它实际上是一个隐喻。它是指一个人的"自我"就像一座浮在水中的冰山一样，我们能看到的只是水面以上很小的一部分——行为，而更大一部分的内在世界却藏在更深层次，不为人所见，恰如水下的那部分冰山。

（二）从隐性体验到显性路径

就教育途径而言，非认知能力教育的显性化，就是要明确非认知能力提升的培育路径，通过可操作的实践方式，对非认知能力培育的过程和结果进行有形把握。

如前所言，在传统的学校教育中，对非认知能力的定义比较模糊，常常是在"综合素质"这一概念下通过课外活动、团体协作、综合素养课程等进行粗放的能力提升，对能力的评价也比较笼统，基本处于无计划、无标准、无考核的状态。

非认知能力培育的显性化，就是要正式对该项教育工作进行计划安排，要明确非认知能力的标准要求，并且要对结果实施考核评估，这样才能实现对非认知能力培育的过程和结果的有形把握，开展有的放矢、卓有成效的工作，将非认知能力的提升置于可观测、可评估、有结果的状态。

---

①　王延华：《论显意识与潜意识的辩证逻辑——以认识的发生学为视角论》，《理论月刊》2012 年第 11 期。

第四节 大学生非认知能力教育实践

大学生若想通过非认知能力教育的隐性和显性路径来帮助自己提升个人能力，一是要确认理想模型，明确充分发展的非认知能力具备何种特征，从而知道自己应该往什么方向努力；二是要对自己的能力进行评估，找到差距；三是要重塑观念，解决观念、态度对自己非认知能力发展的限制；四是要学习方法，为每项非认知能力的提升寻找可学习、可操作的方法；五是要实践体悟，带着好的观念和方法到真正的实践中去，在真实的环境中实现体悟和提升。这就是非认知能力提升的"五步法"。

一、模型确认

《大学》有云："知止而后有定，定而后能静，静而后能安，安而后能虑，虑而后有得"，意思是知道了应该达到的境界才能够使自己志向坚定，才能有所收获。在提升非认知能力的过程中，学习者只有描绘出该项能力的理想模型，才会知道自己应该往什么方向努力。

描绘出一项能力的理想模型，就是要明晰充分发展的能力具备怎样的特征。因为非认知的对象往往是非结构化、非知识化的，不能够用量化的方式去描述，而只能去表述一种状态。对于理想状态的把握还需要运用一些本质思维，要把握该项能力的核心。例如自制力，其核心并不是个体能强迫自己去做不想做的事情，而是个体对自己的言、思、行有充分的觉察，并能主动调节自己的行为。

二、能力评价

个人的非认知能力如何评价？考试、评分等对认知能力进行评价的方式显然无法完成这个任务。真、善、美、幸福、亲和、责任、自制……这些非认知能力都很难用令人信服的分数来评价。因为它代表的是一种状态、现象，或者一项活动的结果。因此，我们提出帮助个体评估非认知能力的四种方式。

（一）自我觉察与内观

自我觉察指的是个体通过对自己进行观察和反思，意识到自己与理想非认知能力之间的差距的方法。

自我觉察和内观是要观测自己的情绪、状态、行为、反应模式，探索自己的内在。这个过程是心智提升的过程，是自我身份认知和认同构建的过程，强调对自己进行整体性的观察，促使个体思考"我是谁""我将成为谁""我的状态怎么样""我是在什么动机下做出决定"等自我剖析层面的问题。

自我觉察与内观是一个自我认知、自我修炼、自我提升的过程，注重向内而观的评价，它反映的是人清晰地认识自我的意愿和进行反思的能力。

拓展学习　站在适当的距离，观察另一个自己

哲学家阿尔贝·加缪说过："智者就是时刻观察自身精神世界的人。"

内观，可以理解为是思维的思维，是我们拥有的自我觉察和反思的独特能力。内观如同我们照镜子。在照镜子的过程中，我们可以跳出自身、从他处反观自己，可让"自我"从当前的情境中脱离，假想出"另外一个自己"，观察自己的思维活动，思考自己的思考方式、思考过程、思考结果，并找出其中不合理的地方，然后改进优化，做出最好的选择。

在观察自己时，我们需要摒弃主观情感，从客观的视角去看待观察对象，尽量保持中立的态度。我们需要摒弃主观的偏好，把自己当成研究对象加以审视。心理学家詹姆斯提出了"主体自我"和"客体自我"的概念，每个人或多或少都能够将自己作为客观对象加以考察，这是主体自我的功能，这种功能对于认识自己、调控自己是必要的，可以防止受到自我情绪的影响。观察自己，最重要的是以"有距离的方式"去审视内心，形成一种第三方的视角，把自己作为研究对象，从自己的情绪、想法中跳出来，像一个旁观者那样观察自己，更理性地对自己非认知能力的水平做出评价。

小练习　内观四步法

第一步：专注——专注于己，觉察于心。专注观察自己的信念与情绪、行为与体验。

第二步：不评判——对自己当下身心所呈现出来的状态不加任何的评判，让"它"处于它所处于的状态中。

第三步：接受——学会接纳当下的自己，接纳观照到内在的任何东西。承认这些东西是我们的一部分，接受并包容它。

第四步：对照与改观——经过以上三个步骤，觉察到自己与理想的非认知能力之间的差距，促进反思，借此提升自己的非认知能力。

（二）指数性观测

指数性观测又称可观测指数，是通过观测关键指标的状态来评定非认知能力的一种方式。

指数是一种特殊相对数，常用于测定多个项目在不同场合下的综合变动，属于经济学术语，后来延伸到其他领域。国际上有很多地方都采用指数来统计测定当下的一种状态。例如联合国发布的全球幸福指数是基于人均国内生产总值、健康预期寿命、对腐败的看法、生活自由、慷慨、社会支持等因素等来评价全球各个国家和地区的幸福感；世界人文发展指数是通过健康水平、教育程度、生活水平的观测来反映一个国家和地区经济与社会的发展程度。指数型观测用来评价非认知能力，可以测定个人非认知能力发展的程度。

在评价非认知能力中，对关键状态的把握可以帮助人们评价非认知能力的高低。例如要评价一个人的沟通表达能力如何，就可以通过"电梯指数"来测定，即在与他人同坐电梯的短短几十秒里，能否将一件事情说清楚。总之，指数型观测是一种表现性状态的评价方式，其核心就是找到该能力的外显性关键状态指标。

（三）标志性事件达成

标志性事件达成是以某件具有象征意义事件的发生或者达成作为评价非认知能力发展的一种方式。

标志性事件通常就是一把解锁非认知能力的发展路径和发展的钥匙。显性化结果的达成，具有某种代表性意义。例如一个人成功带领团队完成了一个具有挑战性的任务，他提出的想法受人拥护和执行，那几乎可以判断他具有很好的领导力。再如一个人坚持每天早起去晨读，说明他是一个有自制力的人；一个人在辩论场上滔滔不绝地阐述观点、口若悬河地说服对方，那证明他的表达能力很好。

标志性事件的达成，主要是以事件的发生和结果作为评价的依据，其评价的关键是对标志性事件的选择和确认。

（四）量表测定

量表测定是用针对某一项具体的非认知能力设计量表，通过评分来评价非认知能力的方式。

量表的设计，是要拟定某一项非认知能力的标准和评分规则，即将该项非认知能力的内容和表现性行为具体化，形成详细、可视的观测点，再逐项地赋予合适的分值。通过评分，得到一个可以与理想的非认知能力形成比较的分数。

本书针对社交力、亲和力、领导力、自制力、责任心、创新力六项非认知能力设计了测评问卷。该问卷是基于对每项非认知能力进行分析和梳理的基础之上借鉴大五人格模型设计形成的。大五人格也称人格海洋，是心理学家托普斯与克里斯托于 1961 年提出的，大五人格从宜人性、外倾性、开放性、神经质性、责任性五个维度涵盖了人的所有性格特质。之所以借鉴大五人格模型进行量表设计，很重要的一个因素是它能够对个体的社会功能性起到很好的预测作用，能够帮助受测者很好地认识自己。

手册中的测评问卷针对每项能力设计了 30 道问题，从正向、反向两个方面进行测定，被试可以通过回答问题来对自己的能力进行评价。而这些问题是以一些行为关键词为突破口，通过与自身实际情况做对比，来对自己非认知能力显性化做评估的。也就是说，量表本身就是答案，回答问卷的过程其实就是反思个人非认知能力的过程。

三、观念重塑

和学习一项技能不一样，非认知能力发展受阻的关键不是不知道应该怎么做，而是在想法上产生了错误。一个人如果拘泥错误的观念，无法处理好与自己的关系，也无法处理好与世界的关系，自然也无法拥有好的状态。因此，清除制约性思维的影响，然后用有利于非认知能力发展的原则和观念去覆盖它，是实现非认知能力发展的重要一步。

在本书里，我们提到了一些清除制约性思维的建议，也提出了一些有益的发展观念，其目的并不是要让每一位学生跟着标准去做，而是要启发学生勇于去直面自己的原初思维，破除自己的定式思维，通过观念的重构让自己在非认知能力的发展上获得新的视角。唯有这样，大学生才能从底层和内在两个层面冲破非认知能力发展的桎梏，获得水到渠成的提升和成长。

四、方法学习

在重塑观念的前提下，还要为每项非认知能力的提升寻找可学习、可操作的方法，实现从观念到行动的进阶，这是实现非认知能力显性化的一个重要的过程。

提升非认知能力的方法可以来源于非认知能力教育的三个显性途径和隐性途径，通过养成习惯去改变行为；通过实际体验不断修正个人的思想和行为；到好的环境里接受熏陶，观摩和学习其他能力充分发展的人是怎么做的；对照一项能力的理想标准来制订针对性的训练等。

我们始终相信，好的非认知能力是可习得的，一个人总能找到方法来提升自己。例如要提升社交力，可以学习倾听的方法、练习表达的技巧；要提高自制力，可以先尝试养成微习惯、坚持习惯性总结。好的方法的掌握，可以让非认知能力的提升事半功倍。

五、实践体悟

当你已经在观念上有所进阶，又了解和习得了提升非认知能力的方法，接下来就是实践和体悟的过程。非认知能力的提升常常源自体悟，因此边实践边思索非常重要。非认知能力的提升有两种方式，一种是外显式行动，另一种是内隐式反思。

所谓外显式行动，就是要到真实的环境中去实践和体验。例如要提升领导力，那就需要尝试一些组织和领导的工作；要提升社交力，就要走到人群中去。所谓内隐式反思，就是要刻意地去反观自己的言、行、思，把对个人的审视和对观念态度的学习当成一件重要的事情，通过读书、思考、听取别人的反馈和评价等方式来客观地认识自己，结合自己在实践中的体会，实现从内而外的变化。因此，我们应该为非认知能力的提升拟定合适的任务清单，拟定实践计划，安排思考实践，通过体验和思考实现"悟"，实现非认知能力的切实提升。

　　以上就是大学生开展非认知能力提升实践的五个步骤。在后面的两章里，我们将逐项介绍如何提升三项个体非认知能力和三项群体非认知能力。本书就是以此五个步骤为框架，对每项非认知能力的培育提供了显性化的路径，我们称之为非认知能力提升的"五步法"（图2.2）。

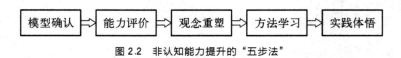

图2.2　非认知能力提升的"五步法"

思考题

1. 非认知能力教育的内容是什么？
2. 大学生核心非认知能力有哪些？
3. 非认知能力教育的途径有哪些？
4. 如何评价非认知能力的水平？

第三章　群体性非认知能力提升实践

接纳一个事实：我们总是处于各种关系中⋯⋯

社交力

亲和力

领导力

　　群体性非认知能力是个体性非认知能力的延伸，你向世界释放什么能量，世界就会回馈你同样程度的能量。你的同伴就像镜子，借助他们可以看见你自己。当一个人做好充足准备后，群体性非认知能力自然也可以得到相应的发展。本章主要对大学生核心群体性非认知能力进行介绍，它们是社交力、亲和力和领导力。每一种群体性非认知能力都有自己的特征，也有相应的提升方法。

第一节　社　交　力

　　马克思曾经说过：人是各种社会关系的总和，每个人都不是孤立存在的，必定存在于各种社会关系之中。可以说，社交是个体的普遍需求，良好的沟通表达和人际关系，影响着个体在群体中生存和发展的质量。社交力是非常重要的群体性非认知能力，本书探讨的就是如何通过提升交流沟通的能力来提升社交力。

一、拥有社交力的理想状态

　　社交力，简单地说，就是与人交流沟通的一种能力，它是表达力、沟通力和共情力的重要体现。社交力的重点在于"交"，既包含同他人的沟通、表达，也包含对他人的倾听、理解。社交力的重点还在于"人"，社交就是与人交流沟通、实现同理共情，促进人际关系的发展。

（一）社交力的含义

我们对社交力做出如下定义：社交力是一个人作为社会人的人际交流与沟通能力。

交流是信息互换的过程，是彼此把自己已知的信息提供给对方，实现信息流动传播的过程。交流的意义非常广泛，有意识的交流，也有物质的交流。

沟通是人与人之间、人与群体之间通过思想与感情的传递和反馈，以求思想达成一致和感情通畅的过程。

拓展学习 电梯原则

电梯原则是沟通中重要的原则之一，这个原则的意思是使用极短的时间把复杂的问题说清楚。

电梯原则来源于世界著名的咨询管理公司麦肯锡。麦肯锡是相当专业的顾问咨询公司，每一个顾问咨询方案都是以成百上千页纸来计算的，但是他们却要求自己的顾问代表把整份咨询方案浓缩成几句话，这个浓缩的过程运用的就是电梯原则。电梯原则的内涵是在高速发展的经济环境中，我们要同时对很多信息进行处理和判断，所以最有效的方法是尽可能简洁快速地说清楚想要表达内容的主体及价值。这一过程就像要在坐电梯这么短的时间内解决年度报告总结、营销方案、品牌定位等复杂的问题。

（二）社交力充分发展的特征

社交力源于人与人的交流沟通，不管是面对面的语言交流，还是书面上的文字沟通，都是为了使彼此的消息能够互通，促进彼此的相互理解。拥有社交力的人往往具备以下四个特征。

1. 表达简单、清晰、精确、自洽、有边界

以下五种特点可以让交流更令人容易理解：一是简单的表达，越是简单、易懂的语言，越容易让他人理解你的想法；二是清晰的表达，表达清楚可以让人很顺畅地理解你所表达的内容；三是精准的表达，对于不同的对象要有不同的表达

方式；四是自洽的表达，按照自身的逻辑推演，使表达内容没有矛盾或者错误；五是有边界的表达，不过分涉及内容敏感的话题，是一个人有教养的表现。

2. 有文法和修辞的书面表述

书面表达也是交流沟通的一部分，指的是用书面文字的形式把自己的观点、见解和态度表现出来。文法即文章的书写法则，一般是指文字、词语、句子编排有序，从而使文章呈现出合理有序的组织形式。修辞即在使用语言的过程中，利用多种语言手段以收到尽可能好的表达效果的一种语言活动。好的书面表达代表着一个人的交流修养，是一种高级的表达形式。

3. 有说服力和影响力的演讲技能

演讲是一种扩大交流影响力的方式。说服力是指说话者运用各种可能的技巧去说服受众的能力；影响力是用别人所乐于接受的方式，改变他人的思想和行动的能力。

演讲是在公众场合，以有声语言为主要手段，以体态语言为辅助手段，针对某个具体问题，鲜明、完整地发表自己的见解和主张，阐明事理或抒发情感，进行宣传鼓动的一种语言交际活动。

4. 倾听的能力

倾听不是简单地用耳朵去听，而是需要一个人全身心地去感受对方的谈话过程中表达的言语信息和非言语信息，并给出合适的回应。教育心理学研究表明，在人们各种交往的方式中，听占45%，说占30%，读占16%，写占9%，一个人倾听的能力，直接影响其社交能力。

二、社交力的观测指数与测评

具备社交力的人往往都善于与人交谈，又懂得倾听他人，因此很容易融入集体中，与他人关系融洽。学习者可以通过自己观察或填写测评问卷的方式判断自己的社交力究竟达到何种程度。

（一）社交力的观测指数

1. 电梯指数

电梯指数是指一个人能否在乘坐电梯的短暂时间内把问题说清楚，代表一个人能否简练、平静、文雅地把一件事情表述清楚的能力，以及影响和说服他人的效率。

> **小练习**

你是否可以在乘坐电梯从 1 楼到 6 楼的短暂时间里向别人清晰地介绍你自己？

2. 清晰指数

清晰指数是指对一件事情表达的清晰度，表明一个人把握事情本质的程度。

> **小练习**

1. 你是否清楚自己的长处、优势？

2. 你是否可以很清晰地把这些优势表达出来？

3. 听者是否理解你所表达的内容？

3. 宅指数

宅指数是指单独生活在一个个人空间的程度指数，表明一个人与他人进行现实交往的意愿和能力的程度。

> **小练习**

1. 你每天待在寝室的时间有多久？

2. 你待在寝室里做什么？

3. 你是否愿意参加社交活动？

4. 你更倾向于宅，还是参加社交活动，为什么？

（二）社交力的测评

测试说明：请仔细阅读表 3.1 中的 30 道题，根据自己的直觉做出判断。

表 3.1　社交力测评表

序号	问　　题	非常符合	比较符合	不确定	不太符合	完全不符
1	我可以在 1 分钟内清晰完整地表达一个观点					
2	我交流时，很容易为别人设身处地地着想					

序号	问　　题	非常符合	比较符合	不确定	不太符合	完全不符
3	我善于与意见不同的人达成某种程度的共识					
4	我喜欢与别人交谈					
5	我觉得自己有点啰唆					
6	我的表达有时候会词不达意					
7	我有些固执，经常坚持自己的观点					
8	我对大家聚在一起的社交场合感到乏味					
9	如果我对别人说错了话，我会感到难以再次面对他们					
10	与人交流时，我时常害怕出差错					
11	我会尽量避开人群					
12	我有些社恐，并与别人保持距离					
13	我的文字表述让人很容易理解					
14	我的文字表述具有一定的文采					
15	我的文字表述有时不太清楚					
16	我对文字很不敏感					
17	我能自如地进行演讲					
18	我能自如地进行辩论					
19	我热爱辩论					
20	我热爱演讲					
21	我很害怕在公共场合进行演讲					
22	我不善于与人争论，更倾向于沉默					
23	我在社交场合很少感到不自在					
24	与人交谈时，我可以耐心听对方说完内容					
25	与人交谈时，我可以试图理解对方的意思					
26	与人交谈时，我可以给对方以适时的反馈					

续 表

序号	问 题	非常符合	比较符合	不确定	不太符合	完全不符
27	与人交谈时，大部分时间都是我在讲话					
28	在交流中，我更愿意倾听					
29	倾听他人的想法，让我有些烦躁					
30	我无法保持长时间的耐心去倾听					

计分方式：题目 1—4、13、14、17—20、24—28 选择非常符合计 5 分，比较符合计 4 分，不确定计 3 分，不太符合计 2 分，完全不符计 1 分；题目 5—12、15、16、21—23、29、30 选择完全不符计 5 分，不太符合计 4 分，不确定计 3 分，比较符合计 2 分，非常符合计 1 分。

测评结果：

121—150 分：你有很好的社交能力，善于与人交流沟通，适应社交场合，可以很好地表达自己的观点，倾听他人的观点，并且有良好的理解能力。

91—120 分：你的社交能力良好，与人交流沟通较为顺畅，基本适应社交场合，可以较好地表达自己，较好地理解他人的观点。

61—90 分：你需要大胆地说出自己的想法，提升自己的表达能力，减少对于外界看法的在意程度，学习倾听别人的想法。

30—60 分：你需要重视自己的沟通表达、倾听能力，制订有效的训练计划并一步步提升。

三、实现社交力发展的原则

有人恐惧社交，不愿踏出第一步，可能是受到了制约性观念的阻碍。有人勇于表达，与人相处融洽，是因为秉持了有益的观念。不同的观念会影响社交力的发展，让我们来看看哪些观念在影响着你的社交力。

（一）克服制约性、阻碍性的观念

1. 惧怕交流，回避他人

交流沟通都有一个过程，不与人交流，回避他人，长久下去不利于自身的发展。每个人都是群体中的一员，不可以脱离群体，交流沟通是人的基本技能，也是促进人与人之间关系的重要方式。惧怕交流是心理恐惧的体现，我们需要尝试打破自身的社交恐惧，尝试去做出改变。

2. 固执己见，党同伐异

不能接受不同观点是人际冲突的重要原因。君子和而不同，观点的不同不妨碍友好的交往；别人的观点与自己不同，也不妨碍你表达对对方的尊重。每个人都有自己的观点，每个人都有表达的权利。我们不可以固执己见，接受不同也是对自己眼界的拓展。

3. 过分在意他人的眼光

几乎每个人都会在意别人对自己的看法，但过分在意会带来不必要的心理压力，会让你怀疑自己、迷失自己，无法自信地与他人建立联系。过分在意他人的眼光是对人际交往的极大阻碍，你会因为害怕被他人或者大部分人评判而放弃自己想做的事情。你要明白不是别人说的每一件关于你的事都是对的，要把注意力多放在自我评价上面。

（二）发展有益性、促进性的观念

1. 面对恐惧，接纳害怕

我们需要了解自己在交流沟通中为什么会有恐惧。恐惧是一种人类的心理活动状态，是情绪的一种表现。恐惧是指人在面临某种危险和未知的情境，企图摆脱而又无能为力时，所产生的担惊受怕的一种强烈压抑情绪的体验。恐惧心理就是平常所说的害怕。每个人在社交能力上都有一个成长的过程。因为不知道对方能否接受自己、喜欢自己而感到恐惧是很正常的现象，如果能正视这种害怕的情绪，勇敢地加入社交，就能够渐入佳境。

2. 勇于表达，不怕丢脸

良好的表达都是从稚嫩和生涩的表达开始的。不是所有人都能在一开始表达时就能获得好的评价。良好的社交也会夹杂着很多失败，也会有遭遇非议和误解的时候。如果害怕这些情况发生，那就只会止步不前，永远停留在害怕丢脸的程度。只有勇敢去表达，勇敢地开始社交，才能告别生涩的阶段，一步一步提升水平，建立自信。

3. 耐心倾听，不做评判

交流沟通不只是表达，还需要学会倾听，耐心地去倾听他人所表达的内容。倾听是一种尊重，是沟通的基础。对方只有感觉到自己的表达被认真对待，才会认真对待你的表达。只有双方都认真领会到了对方的意思，才能实现有效的沟通。在倾听中，只有学会不对不同的观点做评判，让对方充分地表达，才能让对方感受到你的尊重和善意。

四、提升社交力的方法

社交力是可以通过各种方法提升的，想要成为拥有社交力的人，可以尝试一下下面的方法。

（一）练习表达

表达是将思维所得的成果用语言等方式反映出来的一种行为。表达以交际、传播为目的，以物、事、情、理为内容，以语言为工具，以听者、读者为接收对象。表达的内容可能是对某件事情的观点、对某个活动的主意、对某个动作的感受等，每个人都在向别人发出自己的信息，这就是沟通表达。

1. 表达要有重点

说话要直接明了，说出要点。在日常工作和生活中，有些人总喜欢兜圈子、做铺垫，或者习惯先说细枝末节的事项。于是，我们有时会看到一个人很不耐烦地对另一个人说："有话请直说！""请说重点，我还有事！"我们应该开门见山地表明自己的意见，明确地告诉对方，我们的核心观点是什么，中心思想是什么，对待这件事的态度是怎样的。学习者可以刻意学习和掌握一些表达的技巧和原则，例如上文说所说的电梯原则，或者可以尝试运用金字塔原则。

学习者可以对信息进行分类。人们更喜欢记忆那些富有规律性的信息，在信息多而且杂乱时，可以对信息进行合理的分类。分类可以让人们发现不同信息之间的内在关联，找到其中蕴藏的规律，从而使信息更容易被理解和记忆。另外，仅仅分类还不够，还要给分类一个总结性的观点，加上自己明确的观点，让人能够知道你想传递的核心思想是什么。

拓展学习　金字塔原则

金字塔原则简单来说就是沟通的内容可以归纳总结为一个中心论点，中心论点由若干（一般为 3～5 个）分论点支撑，分论点再由若干论据支撑，层层延伸，形状像金字塔一样。

金字塔原则的特点是重点突出、逻辑清晰、层次分明和简单易懂。

重点突出就是要结论先行，在沟通时要先结论后原因、先观点后论据，这一点是金字塔原则的最显著特征。

逻辑清晰是指通过时间顺序、结构顺序、程度顺序、论证顺序四种逻辑关系将所要沟通的内容有机结合在一起，让沟通内容清晰全面、更有说服力。

层次分明是指归类分组、以上统下，每一组的观点和内容是同一逻辑层次，且每层的观点和内容都是对下一层的总结概括。

简单易懂是指沟通时一定要关注受众的意图、需求、利益、兴趣和关注点，针对受众的不同情况进行灵活的变通。

小练习　判断以下两种说法哪一个表达更为清晰

我今天去超市买了牛奶、抽纸、苹果、垃圾袋、葡萄、抹布、香蕉和饼干等。

我今天去超市采购的水果有苹果、香蕉和葡萄，生活用品有抽纸、垃圾袋和抹布，还有牛奶、饼干等。

2. 表达要有声音

表达时要注意声音音量的调整。音量大小的变化有助于突出所传达的信息的重点。在某个地方提高音量或者降低音量都会引起倾听者的注意，但同时要避免太高或者太低的声音。当讲话者音量过高时，会表现出一种压倒或胁迫他人的气势。同时，倾听者也容易感觉到讲话者感情不受控制，从而对讲话者产生反感。而当音量过低时，声音不足以让倾听者听清，效果会很差，也会体现出讲话者的不自信。

表达时要注意语速的变化。如果声音始终处于一个音量上，并且语调也没有任何变化，会显得很枯燥，不利于传达信息。讲话者可以通过变换语调展现自己对所讲述问题的热情程度，从而吸引倾听者的注意。

3. 表达要有策略

每个人说话都需要经过大脑思考。在任何场合，与他人交谈时，思考以后的话会比脱口而出的话产生的效果好。因此讲话者要避免口无遮拦，做到快快想、慢慢说。

讲话者不要用盛气凌人的语气。无论讲话者的意图怎样，若听起来傲慢自大或者带有蔑视味道，很容易伤害到倾听者，给人一种不受尊重的感觉。

小练习　　情境模拟

在以下几个情境中，你作为其中的角色，想表达什么信息？你会用什么方法向他人表达呢？

（1）你的专业课调查作业得了低分，你认为你是按照老师的指导去做的，而且你也确实花了一番功夫，所以不明白为什么得分竟然这么低。你怎么和老师交流这个问题呢？

（2）你最好的朋友邀请你周末去看电影，马上就要出发了，你的朋友却打来电话说行动取消，而且是很含糊地告诉你"有事"。后来你却发现他自己去看了电影，不过是与别人一起去的。你会怎么和你朋友"交涉"这件事？

（3）有些大点的孩子总找你的弟弟开玩笑，让弟弟情绪很不好。你决定去和那些孩子沟通一下这件事情，让他们和弟弟友好相处，你会用什么方法？

4. 表达要有技巧

如果在处理问题的沟通中讲话者使用积极的语言进行交流，就会将沟通双方的注意力转移到解决问题上来。

技巧 1：用自己知道的信息描述问题，主语要使用"我"，而不是"你"。

"根据过去 5 年的经验，我认为问题在于……"

"我认为发生了……"

技巧 2：眼见为实。

在处理问题的沟通中要强调讲话者自己看到的、自己已经知道的或者已经经历的内容，不要去臆测和推断，避免提供没有依据的意见。

"上次出现问题时，发生了这样的现象……"

技巧 3：带着问题参与讨论。

在解决问题时，通力协作才是最好的办法。让其他人参与讨论沟通的最好方式莫过于提出问题，这样大家才会提出建设性的问题解决意见。避免使用责备口气质问"为什么"。

"说一说，问题出现时你都看到了什么？"

"你认为这个问题产生的原因是什么？"

"你提出这条建议的理由是什么？"

技巧 4：提出解决问题的措施时，使用恰当的词汇。

恰当的词汇容易把沟通对象的精力集中到问题解决上，如解决方案、解决方法、建议、想法等。

"关于这个问题，我的想法是……"

技巧 5：不同意别人的解决措施时，不要沉默。

在解决问题的沟通中，要是有不同的意见，要积极诚恳地提出，不要沉默，此时"沉默不是金"。不同意时不仅要说不同意，不同意的意见或者理由也要大声说出来。

"李刚，我不同意你的建议，理由是……"

"夏红，让我们换个角度来看一下这个问题吧！"

"王鹏，让我们来试试另一种解决方法吧，可能效果会更好，因为……"

技巧 6：利用暗示指出别人的缺点或不足。

对于别人的缺点和不足，如果大声地说出来或者一针见血地指出来，即使是一番好意也会遭人讨厌，直言直语的杀伤力是很强的，所以，当我们要指出别人的缺点和不足时，不妨通过含蓄、委婉的暗示方法。这样不但能减少生活、工作中的摩擦和不快，还会使我们的人际关系变得更加和谐。

5. 表达有温度

在沟通的过程中，要结合听众的情况来表达，传达关心和善意，做到有边界地表达，这是一个人有教养的重要体现。

拓展学习　不一样的皮肤

一名黑人出租车司机载了一对白人母子。

孩子问妈妈："为什么司机伯伯的皮肤和我们不一样呢？"

母亲微笑着回答："上帝为了让世界缤纷，创造了不同颜色的人。"

到了目的地，黑人司机坚决不收钱。

他说："小时候，我也曾经问过母亲类似的问题，但是母亲说我们是黑人，注定低人一等。如果她当时换成您的回答，今天我可能是另外一个我。谢谢您给了我一个不同视角的答案。您是天使。"

（二）学会倾听

交流沟通中重要的一项技能就是做一个好的倾听者。心理学研究表明，越是善于倾听他人的意见，与他人的关系就越融洽，因为倾听本身就是尊重对方的一种表现。

1. 让出讲话主动权，满足他人倾诉欲

每个人都有表达的欲望，做一名好听众是表达友善的方式。学会倾听，就是要让出讲话的主动权，满足他人的倾诉欲。和别人聊天的过程中，要集中自己的注意力，眼睛看着对方脸上上三角或下三角的地方，随时注意对方谈话的重点，并用语言或者动作鼓励对方继续说下去，不轻易打断对方的谈话。

2. 及时给予信息反馈

在和别人的聊天中，可以用适当的点头或手势表示对对方现在讲的内容十分感兴趣，也可以采取复述感受的方式给予反馈，让对方感觉到我们正在全神贯注地听他说，这样对方就更有兴趣讲下去。复述感受是在倾听的过程中找准切入点复述对方的话，让说话者感受到我们理解并接受了他的感受。

例如在一场陌生人比较多的聚会上，有人说："这段时间我们团队为了拿下一个订单，天天加班忙得团团转，结果订单飞了，唉。"这时候你就可以这样说："天天加班啊，好辛苦，没拿下订单真是让人失望。"这就是一种感受的复述，做到了一定程度上的同理共情，让人感到和你聊天很舒服。

3. 创设良好的倾听氛围

良好的倾听氛围是舒适的、与倾诉者同频的。所谓舒适就是态度轻松自然、谈话有趣放松、言语张弛有度。倾听者的交流状态一定是由内而外自然散发出的轻松、愉悦、专注。同频就是要学会营造共同点、发现共同话题、实现同频对话。

例如我们可以这样做：选择轻松的话题，在聊天前期建立情感联系；找到双方的"交集点"，放弃"价值索取"等无意义的话题或问题；减少质疑和反驳，坦诚接受对方；积极调动情绪，及时给予信息反馈；懂得适时适当退出对话，保持对话双方的神秘感和下一次聊天的欲望。

拓展学习　这些倾听的要点你是否可以做到？

1. 克服自我中心：不要总是谈论自己。

2. 克服自以为是：不要总想占主导地位。

3. 尊重对方：不要打断对方的讲话，要让对方把话说完。不能因为去深究那些不重要或不相关的细节而打断对方的讲话。

4. 不要激动：不要匆忙下结论，不要急于评价对方的观点，不要急切地表达建议，不要因为与对方见解不同而产生激烈的争执。要仔细地听对方说了什么，不要把精力放在思考怎样反驳对方所说的某一个具体的小的观点上。

5．不要揣测：尽量不要边听边琢磨他下面将会说什么。

6．放下成见：在倾听时问自己是不是有偏见或成见，它们很容易影响你去倾听别人的话语。

7．不要跳跃思维：不要使你的思维跳跃得比讲话者还快，不要揣测对方还没有说出来的意思。

8．注重一些细节：不要了解自己不应该知道的东西，不要做小动作，不要走神，不必介意别人讲话的一些个人特点。

（三）理解他人

理解他人，也是一种换位思考。了解一个人的感受，感受行为背后的动机，能促进深层次的人际交往。

1．接受不同观点

接受不同的人对同一件事情有不同的看法，尝试让自己能听进不同的声音。

人在不同的时间会有不同的想法，没有一个人的观点可以一直正确，也没有一个人的观点会一直错误，就连你自己的观念也不是一成不变的。5 年前你觉得时髦的衣服，现在可能已经不再喜欢；昨天你很反对的事情，今天也许就很赞成。更不要说人与人之间观念上的巨大差别了。尝试打开心胸，放宽眼界，多听听同一件事情上不同人的看法，了解人们从不同角度对一个事件的解读，是理解他人、理解世界的开始。

2．尝试求同存异

首先倾听者要尝试理解差异。通过倾听自己内在的声音来理解自己，通过倾听他人的内心来理解他人，然后发现彼此之间的差异性、彼此间的需求和价值观上的不同。有的人重金钱，有的人重感情，有的人需要安全感，有的人需要自我实现，这些差异只有不同，并无对错。

其次倾听者要做出调整。调整自己看待他人和事物的眼光，用一种多角度的立体眼光来看待世界，以接纳、善意的眼光看待他人。如果你以厌恶的眼光看待一个人，那么你只会看到他令你厌恶的部分；如果你用爱的眼光去看待一个人，你就能看到他令你喜爱的部分。倾听者要积极改变自己的行为，进而影响到他人。

理解他人可以让你用新的眼光去看待世界，认识到人与人之间的不同，并且用积极的态度去拥抱世界。只要真的去行动了，与人交往的快乐就会成为内在的真实体验。

五、提升社交力的任务清单

□ 每周至少在课堂上积极回答一次问题

完成情况：_____

_____

实现社交力提升的自我评估：_____

_____

指导教师评价：_____

_____

□ 每年在班级中以各种形式进行一次个人分享

完成情况：_____

_____

实现社交力提升的自我评估：_____

_____

指导教师评价：_____

_____

□ 大学期间至少参加一次演讲或者辩论比赛

完成情况：_____

_____

实现社交力提升的自我评估：_____

_____

指导教师评价：_____

_____

□ 每学期阅读一本关于沟通表达的书籍，并认真书写一份读书笔记

完成情况：_____

_____

实现社交力提升的自我评估：_____

_____

指导教师评价：_____

_____

□　每学期倾听一次室友对于自己的建议

完成情况：_____

_____

实现社交力提升的自我评估：_____

_____

指导教师评价：_____

_____

□　每学期参加两次同学、朋友的交流或聚会

完成情况：_____

_____

实现社交力提升的自我评估：_____

_____

指导教师评价：_____

_____

□　每学期至少参加两次班级的集体活动

完成情况：_____

_____

实现社交力提升的自我评估：_____

_____

指导教师评价：_____

_____

第二节　亲 和 力

美国心理学家丹尼尔·戈尔曼在《情商》中说："你让人舒服的程度，决定着你所能抵达的高度。"越是擅长与他人相处的人，越懂得让人舒服，因为他们心中有他人，说话有涵养，待人有分寸，总是向周围的人释放善意和暖

意，让人如沐春风。与人相处时让他人舒服，也是一种能力。这正是亲和力的魅力所在。拥有亲和力的人，让人情不自禁地想亲近，让人时刻感受到舒适。这一节，就将探讨如何提升亲和力。

简单地说，亲和力就是一种让人想去亲近你的情感魅力。它是促进一个人交往沟通、增进友谊、构建和谐关系的坚强动力，是感染力、凝聚力和号召力的重要体现。亲和力的重点在于"和"，既包含对人与物的包容理解，展示出人的内心世界的深厚博大，也包含对万事万物和谐相处、共同发展的理解与追求。亲和力的重点还在于"人"，就是与人为善、相互尊重、齐心协力，共同得到最好结果。

一、拥有亲和力的理想状态

拥有亲和力的人，无论发生了什么事，往往都能平静地面对，亲和地对待周围的人，对别人的行为不加以指责，对别人进行批判不夹带个人情感，而是采用别人能接受的方式处理问题。拥有亲和力的人，不是没有规则的人，而是了解自己的界限，能分清边界的人。拥有亲和力包含五种状态：完全的快乐、完全的祝福、完全的感谢、完全的接受和完全的爱。

（一）亲和力的含义

亲和力是指在保持个体完整的基础上，克服自我中心和丛林竞争意识，配合、参与、分享、共益的能力。

个体完整，即每个人都是独立完整的个体，拥有独立的思想和精神，享有独立的感受、想法和选择。我们要清楚认识自己的边界，保持健康独立的人格，不去随意依附、依赖他人的情绪和感受。

丛林竞争意识是残酷的，讲求弱肉强食、优胜劣汰的法则。依照这样的法则行事往往会两败俱伤。现代社会不是个人单打独斗的时代，更多的需要有团队合作意识，且在团队合作中，不盲目以自我为中心，不争强好胜，不强出风头，讲究团队合作意识、携手共创精神，追求和而不同，求同存异。

拓展学习 龟兔双赢理论

在我国经济学理论中，有一种"龟兔双赢理论"。龟兔赛了很多次，互有输赢。后来，龟兔合作，兔子把乌龟驮在背上跑到河边，然后乌龟又把兔子驮在背上游过河去。这就是双赢，竞争对手也可以是合作伙伴。俗话说："一个篱笆三个桩，一个好汉三个帮。"想成就一番大事，必须靠大家的共同努力。纵观古今中外，在事业上取得成功的人士大都是善于合作的典范。

（二）亲和力充分发展的特征

亲和力源于人对人的认同和尊重。很多时候，亲和力所表达的不是人与人之间物理距离的亲近，而是心灵上的通达与贴近。真正的亲和力，以善良的情怀和博爱的心胸为依托，是一种发自内心的特殊禀赋和素养。拥有亲和力的人往往具备以下三个特征：

1. 合作信任、协作团队，共情、共益

合作源于信任，需要不同的个体共同完成。如果个体间缺乏充分的信任，就不会有默契，合作也就不可能成功。一个具备良好亲和力的人，他的身上无时无刻不散发着魅力。他相信且信任团队里的每一个人，懂得站在别人的角度思考问题，拥有感受和理解他人情感的能力，富有同理心，拥有共情、共益的能力。

团队协作
测试

拓展学习　两驴吃草

有两头小驴，被一根绳索拴住了，它们的两边各有一堆草。刚开始的时候，它们只顾着各自走向自己那一边去吃草，可是绳子不够长，两头驴被死死地勒紧了脖子，使出浑身解数，还是吃不到草。后来，它们想了想，决定信任对方，共同协作先吃掉一边的草，再吃另一边的草。最后，它们都吃得饱饱的。

这个故事告诉我们，在一个团队中，如果每个人都只顾自己眼前的利益，合作注定是失败的，结局也会是两败俱伤的。只有看到共同的利益，达成合作精神，为彼此着想，最后才能达到双赢的局面，共同获得成功。

2. 容纳差异、善待不同

合作需要容纳各种不同的思想而无碍行事。一个人的头脑里可能有两种截然不同的思想，但是在行动精神上需要保持和谐统一。

每个人都是一个特殊的个体，个体身上体现的差异性也是客观存在的。拥有亲和力的人往往能够接纳不同的意见，包容相异，能够全方位考虑问题，承认差异、尊重差异、善待差异，最终实现行动和精神上的和谐与共存。容纳差异是我们接受他人、接受世界的基础，也是合作的基石。

拓展学习　尊重别人

　　著名心理学家卡内基讲过一件事情：宴会上，有一位先生主动找他聊天，抛出对一句引语的理解。卡内基听完后，觉得这句解释并不正确，就向那位先生提出不同看法。没想到，对方坚持自己的理解，拒不服从。就这样，双方各执己见，闹得很不愉快。

　　于是，卡内基找来一位文学界的朋友主持公正。朋友得知故事的来龙去脉后，便用脚在桌底碰了碰卡内基，示意他不要说话，然后开口赞同了那位先生的观点，承认他的观点并没有错。

　　事后，卡内基十分疑惑不解，不知朋友为何要偏袒那位先生。

　　朋友笑笑说道："每个人都会有自己独特的想法，在阅读文学资料方面也不例外。我们不能要求每个人都按原著的意思去解读，与其一直与别人争论解读的对错，不如接纳别人的不同，给别人一个台阶。这样既尊重了别人，也显得自己有修养。"

正所谓君子和而不同，我们虽然观点不同，但是彼此尊重。就像康德说的那样："我尊敬任何一个独立的灵魂，虽然有些我并不认可，但我可以尽可能地去理解。"

3. 间接获得原则

间接获得就是要把你想要的东西给予别人，把你想听到的声音说给别人听。

"把你想要的东西给予别人"是一个镜面投射理论。我们能给予别人的，只能是我们已经拥有的东西。我们想要的东西一定是内心深处渴望得到的，如爱、理解、宽容、赞美、热情等，如果我们把这些东西无私地给予别人，那一定会收获成倍的爱、理解、宽容、赞美和热情。相反，如果我们给予了别人抱怨、愤怒、沮丧、焦虑等负面情绪，那得到的也一定是成倍的负面情绪。一个拥有良好亲和力的人，往往是能将自己所渴望得到的美好东西先给予对方的人。

拓展学习　乞丐

　　我在街上走着……一个乞丐——一个衰弱的老人拦住了我。红肿的、含着泪水的眼睛，发青的嘴唇，粗糙、褴褛的衣服，龌龊的伤口……呵，贫困把这个不幸的人，弄成什么样子了啊！他向我伸出一只红肿、肮脏的手……他呻吟着，他喃喃地乞求帮助。我伸手搜索自己所有的口袋……既没有钱包，也没有怀表，甚至连一块手帕也没有……我随身什么东西也没带。但乞丐在等待着……他伸出来的手，微微地摆动和颤动着。我惘然无措，惶惑不安，紧紧地握了握这只肮脏的、发抖的手："请别见怪，兄弟，我什么也没有带，兄弟。"乞丐那双红肿的眼睛凝视着我；他发青的嘴唇笑了一下——接着，他也照样握紧了我的变得冷起来的手指。"哪儿的话，兄弟！"他吃力地说道，"这也应当谢谢啦。这也是一种施舍啊，兄弟。"我明白，我也从我的兄弟那儿得到了施舍。

这个故事包含了很多层意思，它写到了平等、爱心和同情，还写到了一层别的意思。故事的最后一句话是："我明白，我也从我的兄弟那儿得到了施舍。"他从乞丐那儿得到了人与人之间的信任和爱。任何施舍都是对等的，任何帮助都是相互的，当施舍者施与他人物质的帮助时，他同时获得了精神的满足与回报。这种回报是多样的，例如被施舍者对你说一声谢谢，你的心也会感到一阵温热。这就是一种温暖、一种回报，人都是需要这样一种精神满足的。

二、亲和力的观测指数与测评

具备亲和力的人往往热情大方，充满活力，很容易融入群体，会很注意自己对别人的影响，懂得控制自己的情绪，懂得在一个团队中通过适当妥协而获取团队的最大成功。

（一）亲和力的观测指数

1. 抱怨指数

抱怨指数是指对他人、事物、环境的指责评判的程度。

现实中，缺乏亲和力的人往往执着于一些小事、细事，对过去的错误耿耿于怀，对发生的不顺心的事情愤懑不平，对毫无意义的争论怀恨在心，活得一点儿也不通透。他们常常把原因归咎于外界因素，对发生的各种情况持不满意态度，总感觉这也不对，那也不对，充满抱怨、愤怒等负面情绪，而这种负面情绪和负能量一旦释放可能需要付出极大的代价。

测一测　测一测你的抱怨指数

你在海边看到有东西浮出海面，第一直觉是（　　）

A. 海龟　　　　　　B. 海蛇　　　　　　C. 海星　　　　　　D. 垃圾

【结果分析】

A. 爱抱怨指数 50%。你一遇到麻烦的事就会开始抱怨，却什么都不愿改变，是个爱推卸责任的人，认为都是别人对不起自己，所有的不如意都是别人造成的，觉得是命运捉弄人，自己一点责任也没有。

B. 爱抱怨指数 75%。把人生当作连续剧在演的你，以为自己是悲剧英雄，再美好的事也能抱怨，让人受不了，明明是好事一桩，你也可以找出一丁点的蛛丝马迹来感叹自己是全世界最不幸的人。

C. 爱抱怨指数 15%。你是一个会正向思考的人，个性乐观，遇到不公平的事会尝试改变自己的想法，甚至感谢曾经让你痛苦的事，不会怨天尤人。

D. 爱抱怨指数 90%。你认为抱怨是与外界沟通的方式，不只怨家人朋友，也爱抱怨情人，只要是与你有接触的人都难逃毒舌魔掌，常批评别人。

拓展学习　沙漠中的骆驼

一头骆驼行走在路上，被一小块玻璃硌到了脚。骆驼很生气地将那块玻璃踢开，可被踢飞的玻璃又回弹回来，将它的腿划破了，骆驼的腿鲜血直流。流出的鲜血滴落在路上，血腥味引来了秃鹫和狼的注意，于是骆驼为了逃命狂奔，却不小心走到食人蚁巢穴附近，最后被一团黑黑的食人蚁吃掉。

骆驼临死都没有想到，就是因为一块小小的玻璃，最后让它丢掉了性命。

2. 共益（妥协）指数

共益（妥协）指数是指换位思考，懂得适当让步，和他人达成共识的能力程度。

妥协是一种智慧，是有计划性的退让，绝对不是软弱的体现。具备亲和力的人懂得适当让步，它与坚持正确的方向并不矛盾。只要是有利于目标的实现，适当的妥协可以换来更大程度上的共赢。妥协也是一种包容，一种迁就，一种以退为进的策略，一种对生活的态度。

> **拓展学习**　松下幸之助的"妥协"

松下幸之助在创立自己的公司后，对公司员工的要求非常严格，每次大的决策势必亲自参加。但是他并不是一个完全不听取他人意见的人。

在一次决策会上，松下幸之助对一位部门经理说："我个人要做很多决定，并要批准他人的很多决定，实际上只有40%的决策是我真正认同的，余下的60%是我有所保留的，或我觉得过得去的。"经理很惊讶，假使松下幸之助不同意的事，大可一口否决就行了，完全没有必要征求旁人的意见。

松下幸之助接着说："我不可以对任何事都说不，对于那些我认为算是过得去的计划，大可在实行过程中指导它们，使它们重新回到我所预期的轨道上来。我想一个领导人有时应该接受他不喜欢的事，因为任何人都不喜欢被否定。我们公司是一个团队，并不仅仅是我一个人的公司，需要大家的群策群力，妥协有时候使公司强大、人际关系融洽。"这一番话让这个经理为之动容。

3. 宽恕指数

宽恕指数是指对自己和他人的容纳度、接受度，代表一个人胸怀的容量。

唯宽可以容人，唯厚可以载物，一个具有亲和力的人，往往具有广阔的胸襟和宽大的气量。宽恕别人就是善待自己，这是一种处世哲学，一种思想境界，一种智慧和力量。宽恕的核心是"恕"，"恕"就是能接纳别人不同的意见和做法。适当的宽容原谅能给亲密关系带来积极的作用，但过度的宽恕可能会使之放纵。

> **拓展学习**　记住的和忘却的

阿拉伯作家阿里，有一次和吉柏、马沙两位朋友一起旅行。三人行至一处山谷，马沙失足滑落，幸亏吉柏拼命拉他，才将他救起。马沙于是在附近大石头上刻下"某年某月某日，吉柏救了我一命"。三人继续走了几天，来到一处河边，吉柏跟马沙为了一件小事吵了起来，吉柏一气之下打了马沙一耳光，马沙跑到沙滩上，写下"某年某月某日，吉柏打了马沙一耳光"。当他们旅游回来后，阿里好奇地问两次刻字的地点为何不同，马沙回答："我永远感激吉柏救我，至于他打我的事，我会随着沙滩上字迹的消失而忘得一干二净。"

莎士比亚的《威尼斯商人》中有一段台词："宽恕就像天上的细雨滋润着大地。它赐福于宽恕的人，也赐福于被宽恕的人。"宽恕是一种博爱，首先包括对自己的宽恕，它能包容人世间的喜怒哀乐；宽恕是一种境界，它能使人登上大方磊落的台阶，可以"愈合"不愉快的创伤，使人更加快乐阳光地走在人生的路上。

（二）亲和力的测评

根据大五人格理论，人的人格分为五大模式：开放性、责任心、外倾性、宜人性、神经质性。具有亲和力的人是富有热情、充满活力、善于乐群的。请仔细阅读表 3.2 中的 30 道题，根据自己的直觉做出判断。

表 3.2 亲和力测评表

序号	问题	非常符合	比较符合	不确定	不太符合	完全不符
1	我可以大胆地把某些工作交给自己的同伴					
2	我情愿与别人合作而不愿与他们竞争					
3	我喜欢成为某种群体中的一员					
4	有时候，我的一些做法使别人认为我太顾自己或以自我为中心					
5	我通常喜欢单独工作					
6	我可以设身处地地体谅他人					
7	我时常关心与我一块学习或工作的人的生活情况					
8	我经常批评他人					
9	我觉得大部分人是心怀善意的					
10	我总是对人们首先抱有信任的态度					
11	我总能和周围的人和睦相处					
12	我可以接受别人跟我有不同的观念					

续　表

序号	问　　题	非常符合	比较符合	不确定	不太符合	完全不符
13	我的确喜欢我所遇见的大部分人					
14	我有些固执，脾气较倔强					
15	我对与我有不同习惯的人有些看不顺眼					
16	如果我不喜欢某人，我便会让对方知道					
17	我可以欣赏同伴的优点					
18	我尽量避免和别人争论					
19	我有些挑剔和求全					
20	我觉得我胸襟宽阔，并能容忍别人的生活方式					
21	别人认为我是一个热情和友好的人					
22	我能够让别人觉得我理解他					
23	当我被别人欺辱时，我尽量宽恕和忘记					
24	我尽量对我所碰见的每个人都很有礼貌					
25	当我无意中做了错事或伤害了别人，我会很快承认错误或做出道歉					
26	我常因别人反对我的做法而感到愤怒					
27	在有必要时，我会说出一些讽刺挖苦和尖刻的话来					
28	当别人嘲笑我、和我开玩笑时，我不会感到太难堪					
29	我容易激动，性情急躁					
30	我的确有些冷淡，并与人保持距离					

计分方式：题目 1—3、6、7、9—13、16—18、20—25、28 选择非常符合计 5 分，比较符合计 4 分，不确定计 3 分，不太符合计 2 分，完全不符计 1 分；题目 4、5、8、14、15、19、26、27、29、30 选择完全不符计 5 分，不太符合计 4 分，不确定计 3 分，比较符合计 2 分，非常符合计 1 分。

测评结果：

121—150 分：你的亲和力很强。对事热心而富于感情，与人交往轻松，为人大方，给人印象良好，让人产生亲近感，无论进入什么样的环境，都能应付自如。

91—120 分：你的亲和力较好。能较好地适应周围环境的变化，态度积极，乐于与外界交往，有较强的适应能力，比较受人喜欢。

61—90 分：你需要小小提升一下亲和力，和朋友相处时需要一段时间的磨合才能达到融洽的程度。

30—60 分：你需要重视自己的亲和力，平时不善交流、少言，比较情绪化，这样不太容易让人亲近。

三、实现亲和力发展的原则

亲和力是非常个性化的人格魅力，也是个人修养的具体体现，在团队合作中，属于柔性管理的表现。发展亲和力，就是发展个人魅力。

（一）影响亲和力发展的因素

1. 自我自利

在合作中，我们如果表现得过于自我，所有事情考虑的出发点都是以自我为中心，关注自身利益，而不是团队利益，就无法做到心态开放，一定会影响我们的亲和力。

2. 缺乏信任

在合作与包容的过程中，信任是基石。只有相互信任，通力合作，才能把工作做得更好。当彼此的信任被破坏，合作者们无法彼此真诚相对时，合作就会失败。缺乏信任，人们不再愿意分享自己的想法和意见，就意味着合作建立在虚假信息和虚假关系之上，有可能会导致非常严重的后果。

3. 焦虑的情绪

焦虑是人面对环境刺激产生的一种应激状态，是由一定的心理压力产生的负面情绪。情绪具有传递性，越是焦虑的情绪，越会使他人局促不安，导致合作充满不确定性。当一个人的内心情绪得不到疏导、找不到亲切感时，其亲和力就会受到影响。

4. 急于表达的欲望

每个人都有表达自己的欲望，在团队中、在合作中，都想发表自己的观点，用自己的理论和观点去说服别人、改变别人。殊不知，急于表达的同时会减少倾听的频率，会不自觉地打断别人说话，这不仅不礼貌，也会影响亲和力。

（二）提升亲和力的原则

1. 包容而不纵容

栽者培之，倾者覆之，这是自然之道。理解了这个自然之道，就要思考自栽自培的重要性。天地之道虽然包容万物，但也不会特别照顾某人某物，所以也可以理解为包容而不纵容。就如我们待人接物时，要清楚地知道自己的底线和原则在哪里。因此，包容要有底线，如果没有底线，就会变得没有原则，当过分包容使别人养成了坏习惯，那便是纵容。

具有亲和力的人懂得守住自己的原则，守住自己的底线，在原则和底线的基础上适当地退一步以实现利益最大化。

2. 共益而不寄生

共益是一种取舍的智慧。寄生是一种生物依附在另一种生物体内或体外，从后者取得养分，以牺牲后者的健康乃至生命为代价的掠夺生存方式。

具有亲和力的人具备一定的共益能力，懂得以适当妥协来换取最终目标价值的实现，同时不会以牺牲他人的价值为代价。

3. 共情而不依赖

共情能力就是理解，与对方感同身受，站在对方的角度考虑问题，深切体验他人的感受和想法。共情能力是情感关系中双方都需要具有的能力。但共情并不意味着情感上的依赖，它是一种表达、一种心灵感受。

具备良好亲和力的人拥有一定的共情能力，情感上能通晓人性，引起共鸣，获得支持，同时他们又是独立的人，不依赖他人，不将自尊的获得建立在他人的基础之上。

4. 态度温和而坚定

态度温和而坚定是化解矛盾的有效策略。首先要坚定自己的立场、主张等，坚持自己的原则不动摇；其次态度要温和，语言要柔和，无论对方有什么情绪，能始终保持内心平静、情绪温和。美国心理学大师科胡特用另外一个术语阐释了同样的意思："不含敌意的坚决"，即无论你怎样，我都不会产生敌意，但我表现出的态度是坚定的。

具备亲和力的人，能做到"此心不动，随机而动"，能站在对方的角度上，感其所感，想其所想，会理解对方，也会用温和而坚定的态度，表达自己的立场。

5. 清楚边界和原则

这里的边界是指个人的心理边界，相当于一个容纳了所有心理元素的容器，在这个边界的外面是外部世界，其里面就是自我。这是个人所创造的边界，通过这个边界，我们可以知道什么是合理的、安全的和被允许的行为，以及当别人越界的时候，自己该如何回应。

具备良好亲和力的人，懂得划定自己的边界，尊重他人的心理边界，懂得设立好自己的底线和原则，灵活调整与他人重合的模糊且具有弹性的地带，专注自己边界内的事，同时对于外界不合理的要求进行温和的拒绝。

四、提升亲和力的方法

亲和力是可以通过训练提升的，想要成为拥有"亲和力"的人，可以尝试一下下面的方法。

（一）学会微笑

诗人汪国真的一首诗里曾写道："给我一个微笑就够了，如薄酒一杯，像柔风一缕，这就是一篇最动人的宣言啊，仿佛春天，温馨又飘逸。"微笑的实质是亲切，是鼓励，是温馨，可以在不知不觉中拉近人与人之间的距离。微笑还是一个人的代言、一个人的品牌，有着多重意义。发自内心的微笑往往能在瞬间消除戒备和成见，彰显亲切随和的品行、处变不惊的魅力。

拓展学习 留下好的第一印象的秘诀是什么？

沙纪是个二十多岁的白领，容貌秀丽，风姿绰约，优雅时尚，看起来本应该讨男性喜欢。但令人意外的是，她并不讨喜，原因在于她给人的第一印象太差，总是冷若冰霜，笑容都没一个。沙纪她自己也知道这一点，所以总是妆容精致，头发打理得一丝不苟，打扮得很时髦。然而，别人几乎都不靠近她。可见，比起化妆、发型、服饰，留下好的第一印象的至高秘诀是笑容。

练一练

每天早晨起床，对着镜子给自己一个甜蜜而幸福的微笑，告诉自己今天是美好的一天，遇见的每一个人都是可爱的，并保持住这份热情与见面的每一个人打招呼。

微笑练习

第一步：慢慢深呼吸，放松身体与面部，嘴角微微向两边咧开，然后继续咧开三成，做出笑容的表情；

第二步：两眼带笑，眼中放光，做出笑容的表情；

第三步：挺直腰身，表情温和地笑。

（二）肯定赞美

美国哲学家威廉·詹姆斯曾指出："人类本质中殷切的要求是渴望被肯定。"因此，要想得到别人的赞美，首先你自己就不能吝啬赞美。赞美不是吹捧，赞美不是泛泛地夸赞，赞美的效果在于见机行事、适可而止，真正做到"美酒饮教微醉后，好花看到半开时"。赞美，要适时，要适度，要真诚；发自内心的赞美往往犹如一杯美酒，让人回味甘甜。每一句赞美，如一星一点的温暖，凝聚在一起，会光照大地，让世界变得可爱。

小技巧

赞美对方就是赞美对方引以为傲的东西；发自内心地赞美对方；从细节处，换角度和维度找到对方的亮点进行肯定赞美。有个赞美外表的秘诀：表扬人而非物。比起赞美衣服等，赞美这个人的气质或样貌效果会更好些，而不管男女，赞美其气质都是他们所欣喜的。

练一练

当我们在肯定赞美他人时，可以根据具体的事情来赞美，要具体、深入和细致。过于抽象的赞美，往往不容易给人留下深刻的印象。例如当我们看见班上某位同学学习很努力，可以这样赞美：××，班上同学都说你学习很努力，成绩也非常棒，真是我们学习的榜样啊！

（三）减少抱怨

抱怨是最消耗能量的无益举动。有时候，我们的抱怨不仅会针对人，也会针对不同的生活情境，找不到人倾听我们的抱怨时，我们就会在脑海里抱怨给自己听。久而久之，负能量加剧，不仅无益于解决问题，还会让事情变得越来越糟糕。只有采取积极的心态，转变思维，人生命运才会发生改变。马娅·安杰卢说过："如果你看不惯某种东西，那就改变它；如果你无法改变它，那就改变你的态度，不要抱怨。"

生活中不如意的事情太多了，那怎么样才能减少抱怨呢？其实，我们可以这样看，天下只有三种事：我的事，他的事，老天的事。抱怨自己的人，应该试着学习接纳自己；抱怨他人的人，应该试着把抱怨转成请求；抱怨老天的人，可以试着用祈祷的方式来诉求你的愿望。这样一来，你的生活会有想象不到的大转变，你的人生也会更加美好、圆满，你的亲和力自然而然也就提高了。

小技巧

第一，当你遇到让自己感到非常不爽、忍不住想要抱怨，甚至想要破口大骂的事情时，尽量让自己先不要脱口而出、出口成"脏"，你可以默默地转身，走到一个没有人的地方，深吸一口气，告诉自己："世界多么美好，我却如此暴躁，这样不好！"

第二，当你发现环境无法改变，请你尝试改变你自己。

第三，行动起来，当你有了想抱怨的情绪，请尝试一些其他方法排遣，转移注意力。例如，去跑步、游泳、打球、登山……这些有氧运动，可以加快新陈代谢，可以增强造血细胞功能，让你不再感到胸闷气短。

（四）接纳差异

正如世上没有一模一样的两片树叶存在，世上也没有完全一样的两个人。人与人之间总会存在差异，每个人的成长背景不同，思维方式不同，兴趣爱好不同，生活习惯也不同。在团队合作中，我们要学会求同存异，尊重并接纳他人的差异，不要带着"我的观点就是对的"这种想法，试图去改变或同化别人。学会接纳差异，我们才会欣赏不同，学着去包容别人，练就豁达大度的胸怀，不计较小事，真正做到和而不同。

小技巧

1. 对他人期望不要过高，每个人都有自己的思想、优点和缺点，不必要求别人迎合自己。

2. 疏导自己的愤怒情绪，加强心理建设，经常告诉自己"我不生气"，做好愤怒情绪管理。

3. 偶尔也要让步，只要大方向不受影响，在小细节处有时无须过分坚持。

4. 主动对人表达善意。人与人相处，应该以和为贵，适当表达自己的善意，心境自然会变得平静。

（五）换位思考

换位思考是实现深度共情的重要方法，从对方的角度看问题，想对方之所想，心系对方之所思，是增进人们互相理解的良好思维方式。它首先体现为有同理心，可以促进问题的解决和冲突的化解。一些自私、不善于团队合作的人往往也是不善于进行换位思考的人。

拓展学习　拿破仑·希尔的"招聘"

拿破仑·希尔某一年需要聘请一位秘书，于是在几家报刊上刊登了招聘广告。结果应聘的信件如雪片般飞来。

但这些信件大多如出一辙，例如第一句话几乎都喜欢这样开头："我看到您在报纸上的招聘秘书的广告，我希望可以应征到这个职位。我今年某某岁，毕业于某某学校，我如果能荣幸被您选中，一定就就业业。"

拿破仑·希尔对此很失望，正琢磨着是否放弃这次招聘计划时，一封信件给了他全新的希冀，认定秘书人选非信主人莫属。

他的信是这样写的："敬启者：您所刊登的广告一定会引来成百乃至上千封求职信，而我相信您的工作一定特别繁忙，根本没有足够时间来认真阅读。因此，您只需轻轻拨一下这个电话，我很乐意过来帮助您整理信件，以节省您宝贵的时间。您丝毫不必怀疑我的工作能力与质量，因为我已经有十五年的秘书工作经验。"

后来，拿破仑·希尔说："懂得换位思考，能真正站在他人的立场上看待问题，考虑问题，并能切实帮助他人解决问题，这个世界就是你的。"

站在自己的位置上看别人，所得出的永远是糟糕的结论。只有换位思考，将心比心，设身处地地考虑对方的感受，才能创造良好的人际关系，才能了解别人的难处，体谅别人的不易。

小技巧

1. 了解沟通对象的想法。

2. 在尴尬场合说解围的话。

3. 遇人遭困说贴心的话。

4. 施人恩惠说委婉的话。

5. 与敌对者说友善的话。

五、提升亲和力的任务清单

（一）每日一做

☐ 早上起床给自己一个微笑

☐ 出门前给自己竖一个大拇指

☐ 穿一套自己喜欢且舒适的衣服

☐ 对宿管阿姨、食堂阿姨或保安叔叔打一次招呼

☐ 热情对待遇见的每一个人

☐ 认真倾听他人谈话至少一次

☐ 赞美他人至少一次

☐ 提醒自己不骄不躁，不轻易发怒

☐ 讲述一个幽默小故事

☐ 晚上睡觉前和自己说晚安

☐ 和今天的自己和解，拥抱一下自己

（二）大学期间的任务清单

☐ 每学期至少参加一次寝室集体活动

完成情况：_____

_____

实现亲和力提升的自我评估：_____

_____

指导教师评价：_____

□　每学期至少参加一次班级活动，如读书会、团建活动

完成情况：_____

_____

实现亲和力提升的自我评估：_____

_____

指导教师评价：_____

_____

□　邀请一位陌生的同学加入你的团队

完成情况：_____

_____

实现亲和力提升的自我评估：_____

_____

指导教师评价：_____

_____

□　每周至少帮助一位同学做一件力所能及的事情

完成情况：_____

_____

实现亲和力提升的自我评估：_____

_____

指导教师评价：_____

_____

□　尊重团队中的每一个成员，让大家相处得很好，可以合理处理冲突

完成情况：_____

_____

实现亲和力提升的自我评估：_____

_____

指导教师评价：_____

_____

□　阅读《合作式思维》《亲和力》《合作式工作法》《关键冲突》《同理心的力量》《不抱怨的世界》中的一本或几本

完成情况：_____

_____

实现亲和力提升的自我评估：_____

_____

指导教师评价：_____

_____

第三节　领 导 力

原克莱斯勒首席执行官鲍勃·伊顿说："领导者是能够将一群人带到他们自认为去不了的地方的人。"

领导力就是一种能将团队成员凝聚在一起完成任务的能力，它是促进一个团队通力合作，决定团队方向、团队风格的重要体现。领导力是一种无处不在的行为，大到政治家带领国家实现繁荣富强、军事家带领士兵保家卫国、企业家带领员工创造业绩，小到班长带领班委建设班级、队长带领团队完成项目、寝室长带领寝室成员保持室内环境整洁卫生。领导力的魅力在于领导者通过团队协作、组织协调、激励鼓励、团队影响带领团队往更好的方向前进。

一、拥有领导力的理想状态

（一）领导力的含义

领导力是在群体事务和个人权益方面保持决定者、责任者和主导者的角色所需具备的组织、协调、决策、激励的能力。

群体是个体的共同体，与个体相对。需要由不同的个体组合在一起，共同活动、相互合作而完成的一项具体事务便是群体事务。

拓展学习　　鲦鱼效应

德国动物学家霍斯特发现：鲦鱼因个体弱小常常群居，并以强健者为自然首领。通过实验，将一条较为强健的鲦鱼脑后控制行为的部分割除，这条鱼便会失去自制力，行动紊乱，但是其他鲦鱼却依然像从前一样盲目追随原先的首领。这就是"鲦鱼效应"，也称为"头鱼理论"，它生动地反映出团队中领导人的重要性。

（二）领导力充分发展的特征

领导力存在于我们周围，课堂、作业团队、学生组织、球场、职场甚至家庭中都会出现不同风格的领导者。每个领导者都有自己的工作态度和工作方式，他们有着自己为人处世的标尺。我们应该学习观察、总结众多潜在领导者的行为，从中挖掘出他们的卓越才能。

1. 有担任领导的经验

领导力不是靠想出来的，一个有领导力的人一定是有在一个社团、学生组织、项目团队、课题组等团队担任负责人、组织者的经历和体验的，这些经历和体验大多也是成功的。有领导力的人往往具有这些特质：勇于承担，具有较强的适应力和学习力，能适应变化，在面对困难时能迎难而上，不退缩；能清晰表达个人的看法，和队员进行良好的沟通，组织队友通力合作，高效完成任务。

（1）学习力。学习力是学习动力、学习能力、学习毅力、学习创新活力和学习潜力等方面的综合表现，是学习水平的重要标志，也是获得可持续发展的基本动力。

（2）适应力。适应力是适应周围环境的能力。当遇到新环境、新情况或遭遇挫折时，每个人都会做出本能的适应努力。了解自己的适应能力，并有意识地在学习、生活实践中，培养自己的适应能力，对个人的职业选择和事业、生活的成功都具有重要意义。

（3）沟通力。良好的沟通是团队管理的桥梁，拥有领导力的人可以与队友保持良好的沟通，在团队合作中精准表达自己的意见和看法，用心倾听、换位思考，与队友产生共情，同频共振，通力合作，协作互助，顺利高效完成任务。

2. 有影响力和感召力

拥有领导力的人，可以通过对他人的影响和感召，带领一个团队达成一个目标，完成任务，也可以在团队中通过个人魅力、处事态度、解决问题的方法等特质得到团队成员的认可，带领团队共同决策、共同执行，提升团队战斗力。

（1）影响和感召。影响和感召是指在团队中传递正面能量，做出的决策能产生良好效应、正面影响，对团队成员起到积极带动作用。

（2）激励。优秀的领导者会在团队中建立激励机制，认可队友的成长和进步，并通过设计适当的外部奖酬形式，借助信息沟通，来激发、引导、保持和规范组织成员的行为，以有效地实现组织的目标及其成员的个人目标。

领导者要充分了解队内需求，认清团队发展动力，明确团队目标，制定设计出对团队的发展起到推动作用的激励方式，鼓励队员不断进步。

3. 有独当一面、解决问题的能力

拥有领导力的人在团队中能独立处理问题，遇事有担当，勇于承担责任，在任何时候都能站在队伍前面，帮助队友解决问题。

拥有领导力的人具备清晰的洞察力、敏锐的判断力，对即将发生或已经发生的事情能做出正确的决策，继而控制场面；在团队作业中，能使每个人在各司其职的同时相互扶持；具备较强的观察力以发现问题，清晰的思路以分析问题，独立的能力以控制局面。

二、领导力的观测指数与测评

要了解一个人的领导力水平，需要对他进行长时间的观测，主要是通过 C 位指数、控局指数、影响指数与激励指数对其能力进行全方面观测，运用科学的测评方法对其团队成员的各方面进行测评。

（一）领导力的观测指数

1. C 位指数

C 位指数是指领导者作为组织者、决策者、责任者的心态和状态的习得与适应程度。C 位指数高，代表领导者在团队中能充分发挥主观能动性，主动承担责任，担任团队中坚力量，带领队员解决难题、感召他人、挑战现状、共启愿景。

拓展学习　谁是最佳领导

在一次比赛中，一群狮子轻松地打败了一群羊。羊们表示很不服气，于是它们交换领导者，想看看一头狮子带领的一群羊能否打败一只羊带领的一群狮子。

第一回合：

为迎接比赛它们各自开始训练。羊走到狮群的前面，狮子们都认为羊带不好这支队伍，所以狮子们都不服气，羊没有办法继续训练。而狮子把羊群训练得井井有条，羊们很尊敬狮子，听从狮子的安排。比赛开始，军心涣散和没有经过良好训练的狮群被狮子带领的训练有素的羊群打败了。

羊带着狮群总结失败的教训，认为只有上下一致，才有可能取得胜利，狮群虚心接受了羊的批评，并表示会听从羊的领导。于是羊带领狮群开始战前准备，大家讨论克敌制胜的办法。狮子们的经验丰富，各自说了行之有效的好办法，羊认为都很好，但很难抉择，无法做出正确的判断，最后采用抓阄的方式决定。这让狮子们很失望，认为自己的建议没有被采纳，且团队不团结没有前途。狮子带领的羊群这一边，情况就完全不同。羊们都尊重狮子的领导能力和战斗经验，尽管也有提出建议不被采纳的情况，但心里没有不平衡，毕竟狮子更有经验。战前的准备和训练进行得很好。

第二回合：

新的比赛开始了，狮群出现了分裂，几个狮群采取了不同的策略，由于没有互相支援，被团结的羊群再一次打败了，失败后狮群还在互相指责。羊带着狮群继续总结失败的教训，认为团队需要坚定的执行者。羊重新确立了领导地位，开始按自己的方式对狮群进行训练，狮子们没有任何反对意见。而狮子带领羊群按照它自己的方法训练羊群，把羊们培训得都威武雄壮，羊们都感觉自己就是狮子。

第三回合：

新的比赛开始了，羊群冲了出去，就像一群凶猛的狮子，而狮群则像一群羊一样用头上的角去还击，可是他们的头上根本没有角，于是，他们再一次被打败了。

思考：为什么在羊的领导下，狮子变成了柔弱的羊，而狮子训练出来的羊却具备了狮子的骁勇善战？

2. 控局指数

控局指数是指领导者主动作为、解决问题、控制场面的能力。控局指数高，代表领导者善于发现问题，主动应对，在处理问题时能主动吸引和控制他人，简单又高效地解决问题。

3. 影响力指数

影响力指数是指领导者所做出的决策对事情本身产生的影响，被大家认可并产生较好的效果。影响力指数高，代表领导者有能力用实际行动影响他人，通过合作，使团队成员愿意追随，和领导者并肩作战，共同奋斗，从而实现重要目标。

4. 激励指数

激励指数是指领导者在团队中设计一系列奖惩措施来调动队员的积极性，激发和引导队员，对其所产生的激励效度。激励指数高，代表领导者能运用多种方式方法调动队员积极性，让队员在团队中更加大胆、主动、积极且富有创造力地工作。

拓展学习　松下幸之助激励员工的 21 条诀窍

　　松下幸之助是日本松下电器公司的创始人。他在他的著作中总结了他一生的管理经验，并提出了以下 21 条诀窍来激励员工。

　　（1）让每个员工都能了解自己的地位，管理者不要忘记定期与他们讨论工作表现。

　　（2）经常给予员工奖赏，但奖赏必须与成就相当。

　　（3）如果发生某种改变，要事先通知员工。如果员工能够事先接到通知，其工作效率一定会非常高。

　　（4）让员工经常参与讨论与他们密切相关的计划和研究决策。

　　（5）给员工以充分的信任，就会赢得他们的忠诚与依赖。

　　（6）亲自接触员工，了解他们的兴趣、爱好、习惯以及敏感事物等，对他们的认识就是管理者的资本。

　　（7）注意经常听取下属员工的意见。

　　（8）当发现员工的举止反常时，应当多加注意并及时调查。

　　（9）管理者的想法应尽可能委婉地让员工知道，因为谁都不喜欢被蒙在鼓里。

　　（10）在做工作前，如果向员工解释清楚工作的目的，他们就会把工作做得更好。

　　（11）管理者犯错误时，也要立即承认，并表达自己的歉意。如果推卸责任或责怪旁人，别人一样会看不起你。

　　（12）告诉员工他所担负职务的特殊重要性，使其有责任感。

　　（13）提出建议性的批评时要有理由，并帮助员工找到改进的方法。

　　（14）在责备员工前，先指出他的优点，并表示你只是希望能够帮助他。

　　（15）管理者要以身作则，为员工树立榜样。

　　（16）管理者要言行一致，不能让员工搞不清自己究竟应该做什么。

　　（17）把握住任何机会向员工表明你为他们感到骄傲，并激发出他们最大的潜力。

　　（18）如果有员工发牢骚，就要立即找出他的不满之处。

　　（19）尽最大可能来安抚员工的不满情绪，否则，其他人也会受到影响。

（20）制定长期的、短期的目标，以此来衡量自己取得的进步。

（21）坚决维护员工应有的权利和责任。

（二）领导力的测评

测试说明：请仔细阅读表 3.3 中的 30 道题，根据自己的第一直觉做出判断：

表 3.3 领导力测评表

序号	题　　目	非常符合	比较符合	不确定	不太符合	完全不符
1	我常常在我所在的团体中担任组织和领导角色					
2	我有带领一个团队成功达成目标的经历					
3	我是一个做事有条不紊的人，能把事情安排得井井有条，在计划时间内完成工作					
4	我更喜欢在团队中领导别人，并创造价值					
5	我觉得控制局面是一件非常困难的事情					
6	我积极听取各种不同的意见和建议					
7	我能做到以身作则，信守承诺					
8	我做事比较稳重，尽可能深思熟虑，在紧急情况下能保持头脑冷静					
9	我在遇到困难时，有能力应对大部分问题，能做出正确的决定					
10	我为自己对事情有恰当的判断而感到自豪					
11	我经常关注会对团队产生影响的事件和活动					
12	我会展望未来，提前预判可能会发生的情况，并加以计划					
13	我是一个总是能够将事情办妥和有工作成效的人					
14	我有很强的求知欲望，对于新的技能我能很快学会					
15	我喜欢解决问题，也很喜欢帮助别人解决问题，并从中学到经验					

续　表

序号	题　目	非常符合	比较符合	不确定	不太符合	完全不符
16	我会尽量掌握新信息，并通常能做出明智的决定					
17	我喜欢将自己的看法付诸实践					
18	在工作过程中，我更愿意促成合作而非竞争关系					
19	我对待事情喜欢从一而终，坚持不懈，永不放弃					
20	我总是乐观、积极、热情和友好					
21	我支持团队中的成员独立进行决策					
22	我会赞扬工作能力出色、任务完成较好的队友					
23	我几乎不会寻求任何方法鼓励大家工作、创新					
24	我确信在我们的团队中每个人都能够因他们的贡献而得到认可					
25	我不仅为团队中的成员提供支持，同时也对他们的贡献表示肯定和赞赏					
26	在工作中，我会给队友很大的自由权和选择权，让他们自由开展工作					
27	我会寻找各种途径来激发团队的潜能					
28	我的建议从来都不会被采纳和执行					
29	我无法面对高压情境，不能自己调解压力，无法避免负面情绪影响团队成员					
30	碰到要做决定时，大家都不会来找我商量					

计分方式：题目 1—4、6—22、24—27 选择非常符合计 5 分，比较符合计 4 分，不确定计 3 分，不太符合计 2 分，完全不符计 1 分；题目 5、23、28—30 选择完全不符计 5 分，不太符合计 4 分，不确定计 3 分，比较符合计 2 分，非常符合计 1 分。

测评结果：

121—150 分：你有很强的领导能力。你思维敏捷，思路清晰，善于学习，勤于思考，决策科学，责任感强，有较强的控制能力和组织协调能力，有开拓创新精神，具有较好的号召力，能正面激励团队。

91—120 分：你有较好的领导能力。你的控制能力和组织协调能力较好，能正确进行判断做出决策，带领团队顺利完成任务，对团队成员进行激励。

61—90 分：你需要加强对团队的组织协调能力，带领团队完成目标任务，培养创新意识，在团队中起到模范带头作用。

30—60 分：你需要重视自己的团队的组织协调能力，提高自己的团队意识，积极加入团队训练，完成团队工作。

三、实现领导力发展的原则

（一）限制领导力发展的因素

在领导力培养的过程中，会遇到一些阻碍学生领导力习得的因素，限制领导力发展和提升。

1. 目标缺乏

目标是指团队领导者为了让团队完成工作、任务而制订的计划。团队领导者应围绕计划开展相应工作及措施，让团队成员能积极参与，共启愿景。

目标缺乏表现为团队领导者带领团队无方向、无目的、无组织地推动工作，如同带领团队在黑暗中漫无目的地行走，让团队缺乏行动的动力和方向，难以迈出团队舒适区。

拓展学习　《爱丽丝漫游奇境记》中爱丽丝和柴郡猫的对话

爱丽丝跟随一只白兔子钻进了洞里，在洞中碰到了柴郡猫，爱丽丝问柴郡猫："能否请你告诉我，我该走哪一条路？"

柴郡猫回答说："那要看你想到哪里去。"

爱丽丝说："去哪儿无所谓。"

柴郡猫回道："那么，你走哪一条路也就无所谓了。"

柴郡猫的回答蕴含深意：如果我们不知道要前往何处，那么，选择任何道路都没有意义。英国有一句谚语是这样说的："对一艘盲目航行的船来说，任何方向的风都是逆风。"

2. 负面情绪

每个人都会存在负面情绪，团队合作、个人情感、学习压力、生活压力、时间管理等方面的问题都会对领导者的情绪产生或多或少的负面影响，并使领导得将负面情绪带到团队中。

好的团队领导者不能被负面情绪压倒，更不能影响团队，在处理事情时应清醒、冷静，识别负面情绪信号，妥善做出调整，学会关注和接纳自己。

拓展学习　排解负面情绪

学会接纳负面情绪，不要因自己具有负面情绪而感到担忧、自责和羞耻，和负面情绪和解，正面看待。

学会转移情绪，通过运动、音乐、电影等娱乐方式将负面情绪进行转移，使心情愉悦，减轻并转移压力。

学会宣泄情绪，我们鼓励用心理表达把负面情绪表达出来，以减少对身体的影响。用语言表达负面情绪也能起到宣泄作用。

学会放松情绪，通过旅游、与人交流、心理暗示等方法放松负面情绪，让自己身处轻松愉快的氛围中。

3. 不善学习

学习不只是从书本、课堂处学习，还可以向榜样和朋辈学习，通过观察和思考养成和保持学习的能力。

团队领导者应保持学习敏锐度。在改革和发展的过程中，新挑战、新知识、新情况层出不穷，如果领导者不学习，难免会陷入茫然状态，跟不上社会发展的步伐，跟不上团队前进的步伐，最后只能被淘汰。

拓展学习　刻意练习

刻意练习是指通过反复练习来挖掘潜在技能。

首先，明确目标，确认自己哪些方面需要提升；其次，寻找教练，寻找一位能够"管得住"自己的教练；再次，研究策略，寻找成功案例，制定练习计划；最后，全情投入，在教练的指导和帮助下，不断地投入时间和精力去训练，直至成功。

4. 缺乏合作意识

团队成员之间应该相互信任、互相合作、保持良好的沟通。如果缺乏团队合作，团队就会名存实亡，团队成员也会变成个体，无法对团队做出贡献。本着合作协助的主观意愿融入团队，让团队更有向心力和凝聚力，快速解决问题，让个人潜力发挥到最大化，团队得以高速运转，这是领导者的责任。

（二）提升领导力的原则

领导力不是与生俱来的，也不是从书本中就能够学来的，而是通过实践，在实践中培养、训练习得和养成的。要实现领导力的提升，需要遵循以下四个原则：

1. 指南针原则

所有的团队都需要有一个催人奋进的愿景来为团队指明前进的方向，如同指南针能帮助迷失方向的人们确定方向、寻找出路，团队领导者也应带领团队树立愿景、描绘理想蓝图，让大家能够目标明确、方向清晰、充满活力和信心地往前冲。

2. 正向激励原则

领导者在管理团队的过程中，运用各种积极向上、正面科学的方式对团队进行正面激励和鼓舞，激发团队成员的行动力、创造力、创新力等潜力，激发团队的无限动力。

3. 榜样原则

领导者在群体中树立榜样，以身作则，如同一面镜子，与团队践行共同的价值观，增强说服力。

4. 互助合作原则

培养团队协作能力是团队成功的保证。领导者要增强团队合作意识，提升团队凝聚力，实现团队成员之间的相互协作、共同进退、同频共振。领导者要敢于担当、勇于承担责任。

四、提升领导力的方法

领导力可以通过自我认知、实操练习而习得，其中包含了很多方面的内容，从自我管理到管理他人，从对自己负责到对团队负责，从个人作业到团队作业等，要做到在思考、决策时从个人的角度切换为团队的角度。

（一）自我管理：做好自己、时间管理、目标管理

领导者若想真正成为团队的领头羊，需要发挥自己的主观能动性，有意识、有目的地对自己的思想、行为进行反思和干预；需要提升自我责任感和使

命感，树立正确的世界观、人生观、价值观；需要立大志、勤读书、多实践、会操作、善提炼，提升个人领导魅力。

领导者安排团队任务时要做好时间管理，让团队能有计划地、高效地完成任务。彼得·德鲁克说过："不会管理时间就不能管理一切。"

定目标是领导者的责任，目标是行动的方向，目标可以有效地激励人前行。领导者要有目标制定意识，善于提出目标，善于组织团队达成目标。

（二）团队责任：不拖延、不推脱、敢担当

责任心是作为团队成员的底线要求，个人对集体的贡献决定了他本人在集体中的价值。

领导者要自觉在工作中尽职尽责，勇于承担责任，面对困难冲在前面，协助团队成员处理问题。领导者也要为团队成员树立责任意识，在完成任务的过程中坚持到底，不中途放弃，保质保量，全力以赴。

（三）组织协调：合理分工、职能明确、凝聚团队

领导者要了解团队中各成员的性格、特长、爱好，整合资源，职责分明、合理地安排团队分工，科学处理内部矛盾和冲突，制定团队规则，组织协调工作，带动团队成员共同奋进，提升团队凝聚力。

根据不同的性格特征可以将团队成员分为表 3.4 中的 8 类，每一类别都存在较明显的特征和较明显的弱点。团队成员承担着不同的角色。领导者尊重角色差异，允许成员优缺点共存，可以取长补短，实现团队的最大价值。

表 3.4　团队角色表

类型	典型特征	积极特征	能容忍的弱点	团队中缺少这种角色的后果
实干者	保守、顺从、务实可靠	有组织能力、实践经验，工作勤奋，有自我约束力	缺乏灵活性，对没有把握的主意不感兴趣，缺乏主动性	混乱
协调者	沉着自信、有抑制力	对各种有价值的意见不带偏见地兼容并蓄，甚为客观	在智力和创造力方面并非超常	领导力弱
推进者	思维敏捷、开朗，主动探索	有干劲，随时准备向传统、低效率、自满自足挑战	好激起争端，爱冲动，易急躁	效率不高

续　表

类型	典型特征	积 极 特 征	能容忍的弱点	团队中缺少这种角色的后果
创新者	有个性，思维深刻，不拘一格	才华横溢，富有想象力、智慧，知识渊博	高高在上，不注重细节，不拘礼仪	思维局限
信息者	性格外向、热情、好奇，联系广泛，消息灵通	有广泛联系人的能力，不断探索新事物，勇于迎接新挑战	时过境迁，兴趣马上转移，不能说到做到	封闭
监督者	清醒、理智、谨慎	判断力强，分辨力强，讲求实际	缺乏鼓动力和激发他人的能力，怀疑别人	大起大落
凝聚者	擅长人际交往，温和、敏感	有适应周围环境和人的能力，能促进团队合作	在遇到危机时优柔寡断，在意别人的评价	人际关系紧张
完善者	勤奋有序、认真、有紧迫感	持之以恒，理想主义，追求完美	常拘泥于细节，不洒脱	不精细

（四）科学决策：清晰思考、学会整合、科学评估

领导者在面对机会和挑战时，通过对现状的分析，制定出详尽的解决办法，设计行动计划，带领团队实施解决方案，最终完成项目任务。领导者可以灵活采取各种决策方式，如以下几种。

德尔菲法：德尔菲法由美国兰德公司首创。先以匿名方式在团队中征集成员意见，然后将意见搜集整理后交给团队指导老师，再由团队指导老师进行评估给出专家意见和建议，最后由领导者据之做出决策。

决策力测试

头脑风暴法（思维共振法）：组织团队成员进行思想碰撞，通过群体决策的方式，设计出最终决策方案。领导者鼓励队员们不受拘束，畅所欲言，敞开思路，自由发挥。

淘汰法：根据既定的条件和标准，对大家提供的全部解决方案进行筛选。

环比法（评分法）：将所有方案拿出进行比较，队员公平评分，然后以各方案得分多少为标准选择方案，做出决策。

拓展学习　犹太人的选择

有三个人要被关进监狱三年，监狱长满足他们每人一个要求。美国人

爱抽雪茄，要了三箱雪茄。法国人最浪漫，要一个美丽的女子相伴。而犹太人说，他要一部与外界沟通的电话。三年过后，第一个冲出来的是美国人，他的嘴里鼻孔里塞满了雪茄，大喊道："给我火，给我火！"原来他忘了要火了。接着出来的是法国人。只见他手里抱着一个小孩子，美丽的女子手里牵着一个小孩子，肚子里还怀着第三个孩子。最后出来的是犹太人，他紧紧握住监狱长的手说："这三年来我每天与外界联系，我的生意不但没有停顿，反而增长了 200%，为了表示感谢，我送你一辆跑车！"

问题：请谈谈该故事案例对你的启示。

（五）有效激励：学会赞赏、发现美好、激励鼓励

激励可以调动团队情绪，推动团队发展。领导者应该善于发现团队成员的成绩并加以赞扬，学会信任他人并建立相互信任的关系，懂得倾听，实现良好沟通，了解需求动机，设计适宜的激励机制。

赞美是最简单的且最好的激励方式，能让队员鼓起勇气，能让徘徊的人确定方位，能让盲目的人找到目标，能让自卑的人收获信心，能让软弱的人意志变得坚定，能让成熟的人强化其身。每个人都希望自己的成绩和进步被别人肯定，领导者应发现并关注这个细节。领导者一句真诚的赞美，就能鼓励队员，取得事半功倍的工作效果。

五、提升领导力的任务清单

□ 每年至少看与领导、决策、沟通、心理等主题相关的书籍一本

完成情况：_____

_____

实现领导力提升的自我评估：_____

_____

指导教师评价：_____

_____

□ 参加社团或学生组织，并主动申请成为一项工作的负责人

完成情况：_____

_____

实现领导力提升的自我评估：_____

_____

指导教师评价：_____

_____

□　参加一次比赛并担任团队负责人

完成情况：_____

_____

实现领导力提升的自我评估：_____

_____

指导教师评价：_____

_____

□　担任一次课程作业的负责人

完成情况：_____

_____

实现领导力提升的自我评估：_____

_____

指导教师评价：_____

_____

□　担任一门课程的助教，协助老师管理课堂、班级，帮助同学

完成情况：_____

_____

实现领导力提升的自我评估：_____

_____

指导教师评价：_____

_____

□　参与一个课题或项目，协助老师完成任务

完成情况：_____

_____

实现领导力提升的自我评估：_____

_____

指导教师评价：_____

_____

□ 每学期与校内优秀学生干部、身边的优秀领导榜样交流学习一次

完成情况：_____

_____

实现领导力提升的自我评估：_____

_____

指导教师评价：_____

_____

□ 每年参与一次认知实习或顶岗实习，在实际工作岗位中观摩学习

完成情况：_____

_____

实现领导力提升的自我评估：_____

_____

指导教师评价：_____

_____

□ 每年完成一次角色扮演活动，通过小组式任务安排、情境模拟，对团队成员进行角色设计，如组织者、参与者、记录者、访谈者、创新者、联络者、维持者等角色。通过角色的扮演，在各类模拟的情境中设身处地地解决实际问题

完成情况：_____

_____

实现领导力提升的自我评估：_____

_____

指导教师评价：_____

_____

思考题

1. 请对自己的群体性非认知能力进行总结和评价。

2. 拟定一份群体性非认知能力的提升计划。

第四章　个体性非认知能力提升实践

准备好"自己"，由内而外地生长……

本章导航

自制力

责任心

创新力

个体性非认知能力是指在个体活动中发挥重要作用的非认知能力，是个体发展进步的最基础、最重要的能力之一。大学生个体性非认知能力包括自制力、责任心和创新力。这些能力对个人的学习、生活有着重要影响。

第一节　自　制　力

自制力可以促使个体对自己进行反思，觉察自己的思维和行动，审视外界的发展和变化。任何高级的人类社会活动都必须有自制力才能完成，而大部分的人类美德也或多或少与自制力有关。苏格拉底说，自制是一切美德的基础，实际也可以称它为美德之王。

一、具备自制力的理想状态

个体具备自制力的理想状态是，具有清晰的自我认知，进行恰当的自我管理，以及养成良好的个人习惯。

（一）自制力的含义

自我认知、自我管理与良好的个人习惯，是个体培养自制力的必要条件。自我认知是个体自制力发展的基础，个体只有在对自我和现实有清晰的认知基础上，才能够做出对自身发展最有益的判断和决定。同时，在自我认知的基础上，个体还需要确立自己的目标，在追逐目标的路上能够抵御诱惑，拒绝拖延，推翻无用的想法、感觉和冲动，具备科学、有效的自我管理方式，并且可以有意识地给自我设定规则，逐渐养成良好习惯，并努力遵守下去。

拓展学习　自律和不自律之间，差的是一整个人生

朋友圈里经常能看到这样的状态：有人每天跑 5 千米，即使忙一点也能跑个 3 千米；有人每天早起读书、学外语，一坚持就是好几年……

每每看到这些，心里总会涌起无限的羡慕和冲动：羡慕他们能日复一日地坚持，能抵御懒惰和拖延的诱惑，最终养成良好的习惯。你或许也会忍不住想跟他们一样迈出自律的第一步，可往往一只脚还没踩踏实，另一只脚已经在叫嚣着要后退。

我们常常给自己的不自律找借口，昨天工作太多、今天身体不适、明天又有了突发事件……早上信心满满，给自己列了一堆计划，晚上暮气沉沉，想着明天再开始吧，今天好累。

其实说到底，还是信念不够坚定。

你要知道，自律是无止境的。它不是一天两天地玩闹，而是八年十年，甚至几十年的习惯和坚持。

少点自我逃避，才可能成为真正的强者。自律不是为了做给别人看，而是为了保护我们自己，让自己有底气不断遇到更好的自己，让自己能始终朝着梦想奋斗。

有的人习惯拿自律标榜自己，心血来潮读了两页书、咬牙切齿完成了一项计划，看上去拼命又努力，可到最后生活依然没有什么改变。因为，真自律还是伪勤奋，得拿结果来说话。

真正的自律，靠的是内心驱动，是自己想要去做。就像健身，真正自律的人是因为喜欢健身时的痛快、健身后的愉悦，才能坚持锻炼。自律的前提是你要爱上这个目标。只有热爱，才能让你在之后的日子里勇敢地抵

御各种负面情绪。

合理规划自己的时间，衡量好自己的身体状态和精神状态，仔细想想你渴望的生活是什么样子，慢慢地，循序渐进开始你的自律人生吧。

有人说："最养眼的自律是运动，最健康的自律是早睡，最改变气质的自律是看书……"如果你不知从何处着手，不如就从这几点开始重塑自己的生活。请相信，自律终会让你活出闪闪发光的人生。

（二）自制力充分发展的特征

自制力充分发展的特征包含了两个方面的内容：自知之明与心智平衡。

1. 自知之明：自我洞察、自我理解

一个人，从认识自己到认清自己，势必是一个漫长的过程。这种过程就是不断地寻找问题，同时又需要拿出勇气不断地解决问题的过程。但在现实生活中，人们往往更喜欢去观察别人，而忽略了对自己的认知。认识自己是认识世界的基础，只有处理好了自己与自己的关系，才能更好地处理自己与世界的关系。因此，个体的自制力是否得到充分的发展，取决于个体对自己的情绪、思维、行为、个性优势、发展目标等是否有清晰的认知和把握。

2. 心智平衡：心态灵活、情感平衡

自制是一项复杂的任务，需要足够的勇气和判断力，既要学会延迟满足感，把眼光放远，同时又要尽可能过好当前的生活，这是一段充满矛盾的成长过程。因此，对自制行为要把持得当，即要保持自身情感的平衡，这意味着我们需要建立富有弹性的约束机制，"在这个复杂多变的世界里，要想人生顺遂，我们不但要有生气的能力，还要具备克制脾气的能力"。

同时，我们还需要具备对个人的前置信念和习得反应保持经常性的反观内省的能力，提高对生活的观察能力和思考能力，长期审视自己在生活中的状态，总结自己生活中的点滴，让反思成为习惯。

二、自制力的观测指数与测评

具备自制力的人，往往能够较好地调节自己的思想感情、言谈举止，既善于激励自己勇敢地去执行决定，又善于抑制那些不符合既定目的的愿望、动机、行为和情绪。

（一）自制力的观测指数

1. 主权指数

主权指数是指对发生在自己身上的事情负责的程度，代表能够把握自己情绪、心态、反应的程度。

自制力是一种善于控制自己情绪、支配自己行为的能力。研究表明，情绪是人类做出某种行为的深层驱动力。积极的情绪能够引导我们乐观地对生活进行探索和思考，而消极的情绪则会起到阻碍作用。大学生在成长的道路上，往往会缺乏对自己情绪的控制和管理。情绪影响着人的理智和行为，情绪能激人奋进，同样也能让人萎靡消沉。因此，大学生要注意培养自己控制和调节情绪的能力。

2. 觉察指数

觉察指数是指对自己的"思、言、行"觉知和意识的程度。

自我觉察是指一个人了解、反省、思考自己行为、想法、言语及个人特质的行为。自我觉察意味着一个人要把"思、言、行"作为一个对象来观察、来认识。当一个人处于某种情绪状态时，可以试着把注意力指向自己的内心，去感知自己的内心活动、情绪状态和身体感觉是什么样的。当一个人能以旁观者的身份来观察自己、认识自己的时候，就能产生比较理性的认识，就能克服习性的驱使，从而能真正地修正自己。

（二）自制力的测评

测试：请仔细阅读表 4.1 中的 30 道题，根据自己的第一直觉做出判断。

表 4.1 自制力测评表

序号	问　题	非常符合	比较符合	不确定	不太符合	完全不符
1	我了解自己的性格和个性					
2	我对自己的评价和他人对我的评价基本一致					
3	我了解自己的优势，并知道如何发挥它					
4	我有明确的目标，并能有条不紊地朝向它而工作					

序号	问 题	非常符合	比较符合	不确定	不太符合	完全不符
5	抵抗诱惑对我来说并不难					
6	我感到难以克制自己对某些事情的欲望					
7	每当我开始一项新的自我改进计划后,我总是半途而废					
8	我很难让自己做应该做的事					
9	我很少凭冲动行事					
10	当一项工作太难时,我宁愿开始一项新的					
11	我做事尽量认真细致,以免重做					
12	我尽量将我所要做的一切事情都干得出色					
13	我经常在事情不顺利时感到受挫并想就此放弃					
14	我能够控制自己的情绪					
15	我很有自律性					
16	我很少拖延问题					
17	我需要他人的监督,才能较好行动					
18	我上课时常会玩手机					
19	我总感觉时间不够用					
20	我总会立下目标,但很难实现					
21	我经常花许多时间寻找我放错地方的东西					
22	我上课很少迟到					
23	我能保持房间整洁,定期清理生活杂物					
24	我能及时将换下的衣服,及时清洗					
25	我能保证每周1—2次运动					
26	我能每天坚持阅读15分钟以上					
27	我能少喝碳酸饮料、含糖饮料					

续　表

序号	问　　　题	非常符合	比较符合	不确定	不太符合	完全不符
28	我能每天午休一会儿					
29	我能每天吃早饭					
30	我很难在计划的时间睡觉					

计分方式：题目 1—5、9、11、12、14—16、22—29 选择非常符合计 5 分，比较符合计 4 分，不确定计 3 分，不太符合计 2 分，完全不符计 1 分；题目 6—8、10、13、17—21、30 选择完全不符计 5 分，不太符合计 4 分，不确定计 3 分，比较符合计 2 分，非常符合计 1 分。

测评结果：

121—150 分：你有很好的自制力，自我认知比较清楚，有明确的未来规划，能够很好地抵御外界的诱惑。

91—120 分：你的自制力良好，能对自己有较清楚的认知，对于未来规划得比较明确，生活习惯比较好。

61—90 分：你需要对目标规划更清楚一点，提高自己的执行力，减少外界对你的干扰。

30—60 分：你需要重视自己的个人规划，尽可能拟定自己的目标，并尽量坚持执行。

三、实现自制力发展的原则

自制力的发展不可能一蹴而就，而是一个缓慢增长的过程，其中涉及自我认知、规划、驱动与习惯养成等多方面因素，是一个复杂且漫长的过程。若想实现自制力的发展，需要注意对自制力发展有影响的因素和原则。

（一）影响自制力发展的因素

以下几个因素会制约自制力的发展，需要引起注意。

1. 自我认知偏差

认识自己很重要，但准确地认识自己很难。我们以为的"自己"不一定是

"真实的自己"。自我认知偏差是指个体在知觉自身、他人或外部环境时，常因自身或情境的原因使得知觉结果出现失真的现象。

自我认知偏差会影响对自己的要求和评价。很多人会认为自己在各方面的水平都优于平均水平，有些人在进行自我评价时又会低估自己的消极能力和品质，而高估自己的积极能力和品质，这种"优于平均效应"并不符合实际情况。只有当人对自己有客观的认知时，才能够客观地反思自己的行为，从而促进自制力的发展。

2. 目标缺失

无法控制自己的行为有可能是因为没有坚定的方向或实现目标的强烈愿望。卡内基曾说过："确定了人生目标的人，比那些彷徨失措的人，起步时便已领先几十步。有目标的生活，远比彷徨的生活幸福。没有人生目标的人，人生本身就是乏味无聊的。"目标就是我们想要的结果，就是我们想要的收获。如果想要获得这些，那就要不断成长。

有人曾经做过统计：27%没有目标的人，生活在社会最底层，生活过得很不如意；60%目标模糊的人，生活在社会的中下层，并无突出成就；10%有清晰但较短期目标的人，生活在社会的中上层，在各自所在的领域里取得了相当的成就；3%有清晰且长期目标的人，已经成为各领域顶尖人士。

只有当你明确地知道自己想要的是什么时，你才能得到对应的事物；如果你不知道自己追求的是什么，你自然什么也得不到。目标界定了你所要追求的结果，是你努力奋斗的理由。若没有目标或失去了目标，人往往就会茫然无措，不知所终。我们都有这样的经历，考大学之前，整天都精神振奋，干劲十足，仿佛有用不完的力量。而一旦考上了大学，则忽然一下子就空虚起来，像泄了气的皮球。许多人终其大学四年的时间，都没有找到新的目标，导致大学过得很颓废。

3. 错失恐惧

错失恐惧症是指那种总在担心失去或错过什么的焦虑心情，也称"局外人困境"。

随着移动智能互联时代的到来，社交媒体成了人们的主要生活方式。但是移动互联技术带给人们生活便利的同时，也具有一定的负面效应。在现在这个信息繁杂、充满各种选择的社会，人们很容易产生一种持续性的焦虑——害怕错过。保罗·科埃略曾说："我失去了多少东西啊，仅仅因为我害怕失去。"害怕错过，会让人变得犹豫不决、难以选择，继而浪费更多的时间，错过更多美好的东西。

（二）提升自制力的原则

1. 真实的而非虚假的

提升自制力需要做真实的自我评估，即承认我们没有那么完美。这个世界上，最了解和最不了解你的人可能都是你自己。你可能对自己的脾气、性格、喜好等了如指掌，却不了解自己为什么对某些事情偏爱，对某些事物产生恐惧。

因此，我们要从真正意义上去认识自己，要学会与自己相处，学会认识并接纳最真实的自己，哪怕这个真实的自己并没有想象中的完美。建立自己的一套正确的价值观，慢慢去发掘蕴藏在自己身上的巨大的力量。遇到任何事情，从真实的自我出发，改变自己的观念，改进自己的行为，不断提升自己，实现自我的掌控和蜕变。

2. 具体的而非宽泛的

合理而具体的目标制定会促进自制力的形成，这意味着你需要想清楚：你想要的究竟是什么。这个问题的重要性人所共知，却很少有人能够践行。因为，我们没有真正去发现、找到自己具体的目标。

有时候我们可能会给自己设立一个目标，而我们却对这个目标缺乏基本的认识或是对目标的反思："这个目标适合我吗？""这个目标是别人给出的目标还是我自己给出的？""我的大学目标是找到工作，那么应该找一份怎样的工作呢？"确立一个适合自己发展、能够激发自己内驱力的目标，是需要经过慎重的思考和实践的考验的。我们想要什么，想追求什么，都是在自己的成长中通过不懈探索得到的，而不是靠别人告知，也不是靠效仿别人得到的。

3. 沉浸的而非游离的

提升自制力需要我们能够沉浸式投入事情中去，把诱惑放在一边。沉浸的过程，意味着我们正在全身心地做一件事情，继而排除那些可能会造成干扰的事情。我们生活在一个充满诱惑的世界里，当我们想学习、工作时，都极有可能会遇到身边各种各样的诱惑，如手机上朋友发来的新消息。

想要达到沉浸式投入，我们要认识到为什么会受到影响，以及了解如何才能更好地提高自己的专注度，想办法去抵制周围的诱惑。

4. 踏实的而非浮躁的

提升自制力需要从最小的事情开始养成良好的习惯。心理学家威廉·詹姆斯说："我们的一生，不过是无数习惯的总和。"很多人认为，要养成好习惯，一要通过艰苦的努力，二要靠短期强化训练。但是，现实中我们常常会高估自己的能力，又低估事件的难度，于是原本就不容易养成的习惯又增加了难度。

好习惯不可能一蹴而就，想养成任何一个习惯，都必须依靠长时间的累积。一个良好习惯的养成，是从一件件微不足道的小事情开始的。脚踏实地去完成小任务，当我们每天都能保质保量地完成当天的小任务时，我们的自信心就会越来越强，成就感也会越来越大。长此以往，形成良性循环，新习惯才会慢慢养成。

5. 反思的而非蒙昧的

要保持阶段性总结：在事情完成到一定阶段时停一下，清理一些东西。反思是对已经发生的事情进行一次复盘，如果再来一次，哪些地方可以改进。因此反思是对我们的想法、思维进行矫正的一个过程。外界的反馈对我们来说只是信息的汇聚，只有经过大脑认知的过滤，才会从根本上改变我们的观念和行为。

雨果曾说："一个专心致志思索的人，并不是在虚度光阴。虽然有些劳动是有形的，但也有一种劳动是无形的。"反思就是一种无形的劳动，人与人之间能力的差别，并不只在于认知的多少，还在于对以往经历的有效反思，在于从反思中获得的认知差。

四、提升自制力的方法

自制力是在多种因素下共同形成的结果，提升自制力也需要从多方面着手，可以通过"认识自己、制定目标、提高执行力、养成习惯、习惯性总结"的方式逐渐提升自己的自制力。

（一）学会认识自己

了解自己是一种能力。自制力的培育要从对自己的客观了解开始。

认识自己的能力，在心理学里被称为自我觉察，心理学家将它定义为一种清晰地认识自我的意愿和能力。这种意愿和能力包括了解我们自己是怎样的人，以及别人眼中的我们是怎样的。

自我认知能力是21世纪人们最重要的技能之一。对自己有更清晰、准确的认识的人能够做出更明智的决策，建立更高质的、满意的亲密关系和职业关系，有更好的职业发展，并且更加自信。如果想成为一个真正了解自己的人，我们需要具备以下 7 个方面的觉察。

1. 对自我价值观的觉察

明白指引自己的核心价值观是什么。这套价值观既能帮我们定义自己想成为的样子，也可以为对自己行为的评估提供标准。

2. 对自我热情的觉察

明白自己真正热爱的事情是什么。找到自己的热爱是一个探索的过程，但自知的人会不断寻觅，在寻觅的过程中越来越接近它。

3. 对自我抱负的觉察

抱负与目标、成就略有不同。定目标不难，但仅有目标并不能通向真正的觉察。与其问自己"我想达成什么"，更好的问题是"我想从生活中获得些什么"。我们或许会在目标达成后感到短暂的空虚，但抱负是持续的，它永远无法被完全实现，我们可以在每天醒来时都再次感到被它激励。

4. 对自己与环境匹配度的觉察

自知的人了解对自己而言最理想的环境是怎样的。知道自己在怎样的环境中最开心、最有动力，知道怎样的环境能让我们事半功倍，并在一天结束后觉得没有虚度。

5. 对自己行为模式的觉察

每个人都具有一种在时间和空间上大体保持一致的思考、感受和行为模式。自知的人能够区分行为模式和突发情绪的区别。例如，如果我某天突然在与同学交流时话中带刺，那我可能只是太累了。但如果我总对同事冷嘲热讽，那我可能具有这样一种行为模式。

6. 对自我反应的觉察

人们在面对各种情境时，会在思想、情感和行为上产生不同的反应。例如，我在有压力时会产生对别人的批判思想，会变得暴躁，会通过运动宣泄。那这些就都是我在高压下的反应。自知的人往往能了解自己的反应模式，选择正向反应。

7. 对自我影响力的觉察

每个人的行为都会有意无意地给他人造成影响。明白自己的行为对他人的影响力，也是自我觉察的标志之一。

自我觉察是一个非常复杂的系统，需要综合我们的成长经历、他人的评价、自我的反思等来综合看待。

（二）制定个人目标

每一个人都有不同的目标，但最终的目标都是能够实现自我价值、获得幸福。一个明确而符合内心期望的目标可以给人带来强大的驱动力，人也就不会存在缺乏自制力的问题。

1. 确立目标的方法

确立目标可以采取"以终为始"的方法：先畅想自己的人生目标，再确定自己的职业目标，然后确定自己的大学目标和近期目标。在制定目标时，可以用几种测试工具来对自己适合的行业、职业进行初步探索，如 DISC 性格测试、霍兰德职业兴趣测试、MBTI 性格类型量表测试。也可以利用假期时间多去参加社会实践，在体验工作的同时适应社会，结合测试结果和实践经历，再确定符合自己的目标。

绝大多数人都有目标，但最终实现目标的却少之又少。究其原因，就是目标模糊不清晰，导致我们虽然有目标，但目标却不能给我们明确的指引。我们可以用 SMART 原则来检查自己的目标。

S-具体的 specific，目标要具体，不能太抽象、太笼统。

M-可度量的 measurable，目标要可以量化，可以量度。例如，考试我要考好，那么怎样才算好？考试我要考 90 分——这样才算量化。

A-可达到的 attainable，目标要具可达性，目标如果太高，达不到反而失去了意义。

R-相关的 relevant，目标要有相关性，如你是学生，那么目标就不应该是明年粮食要增产。

T-有时限的 time-bound，目标要有时限，即什么时候达成目标。

2. 确立目标的技巧

目标要对人有真正的激励作用，需要满足一些条件。

（1）目标要有一定难度，但又要在能力所及的范围之内；

（2）如果将你的目标告诉一两个亲近的朋友，那么，就会有助于你坚守诺言；

（3）短期或中期目标可能比长期目标更有效，例如下一星期学完某一章节，可能比两年内拿一个学位的目标更容易达成；

（4）要有定期反馈，或者说需要了解自己向着预定目标前进了多少；

（5）应当对目标达成给予奖励，用它作为将来设定更高目标的基础。

在实现目标的过程中，对任何失败的原因都要抱现实的态度。人们有将失败归因于外部因素（如运气不好），而不是内部因素（如没有努力工作）的倾向。只有诚实对待自己，将来成功的机会才能显著增大。

（三）提高执行力

执行力，是人与人之间产生差距的原因之一。

你是不是给自己定下目标，每天都要早睡早起，不玩手机多看书呢？你是不是觉得自己身材不够好，誓要每个星期抽出时间健身运动多跑步呢？你是不是对自己当前的生活感到很不满意，觉得不奋发向上就对不起自己呢？可是，很多人做事情通常都是不到最后一刻，不会踏出第一步去做的。有些事，你现在不去做，以后就没有机会去做了，这就是缺乏执行力带来的遗憾。

1. 认清执行力低效的原因

分析执行力低效的原因，才能有的放矢地改善。执行力低效的原因有以下几个。

（1）选择太多，信息过载。在如今的社会，我们每天都在做大量的决定。周末是去看电影，还是和朋友去郊游？想要学习画画，是去报一个课程，还是买本书自己学？想要开始健身，那是去跑跑步，还是去踩踩自行车？我们所面临的选择题太多，选项也太多，往往不知所措。大脑将主要的精力都用到了对信息的辨识和选择上，所以行动的时间就自然地推迟了。

（2）内心的噪声太多。当你专注地做一件事情的时候，你会感觉到充实而满足，而当你整天宅在家里，刷剧上网不见人，你反而会感觉到很累。其中很关键的原因，就是当你无所事事的时候，脑子里有太多无用的念头，内心充满了自责懊悔的消极想法，这就会造成很大的内耗，吞噬你的行动力。

（3）完美主义情结。有些人是显性或隐性的完美主义者——要么把一件事情做到极致，要么就什么也不做。这种完美主义的倾向，容易让人陷入没有止境的准备和设想中，走向执行力高效的反面，而没有准备好就成了很多完美主义者的最大托词。其实，完美主义情结的背后，暗藏的是一种恐惧心态。这种看似对自己高要求的完美主义，实则是一种拒绝面对现实的眼高手低。

（4）懒惰，爱给自己找借口。懒惰会让你给拖延找借口，在潜意识中创造一个舒适区，然后把你的精神焦点存储起来。这时候，你的大脑里往往会有两个声音，一个在拼命地高喊："快点行动，不要停下来，赶紧把事情干完！"而另一个声音则来自舒适区，更具有吸引力地规劝你："不要动，那件事情太难了，不如给自己找点乐子，什么都不做的状态就是最好的！"

2. 提高执行力的方法

（1）学习积极地自我对话。如果内心噪声太多造成内耗，延迟你的执行力，那你就要想办法去消除那些噪声，或者是将消极的内心噪声转化成积极的自我对话。当你担心自己做不好，害怕自己犯错，感到自责、焦虑和恐慌的时候，你可以对自己说："失败了又怎么样，大不了从头开始。""只要自己尽力而为，就没有什么可害怕的。""与其在这里担惊受怕，不如什么都别想，直接去做。"如果因为完美主义而迟迟不肯行动，也可以通过这样的自我对话戳破那层恐惧的面纱，收获行动的力量。此时你就会明显地发现内心更加平静和谐，行动力变强，而原来一直不敢面对不敢去做的事情，也变得能够轻松地开始了。

（2）制定属于自己的行动计划表。执行力并不是一股脑儿地横冲直撞、不顾后果地胡乱行动。相反，好的执行力更讲求章法。而这个章法，就是清晰的行动计划。这需要划分详细的阶段性目标，确定各个阶段的发展重点，并为此制定详细具体的行动方案。只有完成每一天的任务，实现每一个小目标，才能逐渐实现较大的目标，最终实现理想的目标。

（四）养成微习惯

安东尼·罗宾说过："塑造你生活的不是你偶尔做的一两件事，而是你一贯坚持做的事。"我们总会习惯性地高估自己的自制力，列出很大的目标，但一次又一次拖延。杜克大学的一项研究表明：我们的行为中大约有45%源于习惯。习惯其实远比这45%的比例代表的含义更重要，因为习惯是不断重复的行为，而且大部分每天都在重复。从长远看，这种不断重复叠加起来，要么收益颇丰，要么贻害无穷。

微习惯是一种非常微小的积极行为，你需要每天强迫自己完成它。微习惯太小，小到不可能失败。正是因为这个特性，它不会给你造成任何负担，并且具有超强的"欺骗性"，它也因此成了一种极其有效的习惯养成策略。

1. 从不可思议的小事开始建立微习惯

强迫自己每天实施1—4个"小得不可思议"的计划好的行动，这些行动小到不会失败，小到不会因为特殊情况就被你轻言放弃。例如，每天做1个俯卧撑，每天看1页书。这样的做法可以激励你继续做下去，同时也会成为（微）习惯。当你精力充足时，微习惯会让你开始行动，能帮你获得额外进步；当你筋疲力尽时，微习惯在任何情况下都能让你采取行动，帮你把当时的能力发挥到最佳水平。

2. 建立微习惯的方法

可以采用八个步骤：① 选择适合你的微习惯和计划；② 挖掘每个微习惯的内在价值；③ 明确习惯依据，将其纳入日程；④ 建立回报机制，以奖励提升成就感；⑤ 记录与追踪完成情况；⑥ 微量开始，超额完成；⑦ 服从计划安排，摆脱高期待值；⑧ 留意习惯养成的标志。

当出现了以下信号时，就证明微习惯已经养成：① 没有抵触情绪，该行为似乎做起来很容易，不做反而很难；② 现在你认同该行为，而且可以信心十足地说"我常看书""我是个作家"；③ 行动时无须考虑，做起来很自然；④ 常态化。习惯是非情绪化的，当一个行为成为常态时，它就是习惯了。好的习惯不会让人很兴奋，它们只是对你有好处而已。

对照着查看你的习惯是否已经形成。如果没有，再回到微习惯养成的八个步骤。

3. 养成微习惯的策略和技巧

（1）绝不要自欺欺人：不要作弊，例如，每天定的目标是一个俯卧撑，结果偷偷要求自己完成不止一个。

（2）满意每一个进步：要满意，但不满足。

（3）经常回报自己，尤其是在完成微习惯后：回报自己会建立一个正反馈循环，尤其是在早期阶段，在完成任务后给自己一些奖励，可能会帮助你坚持下去。

（4）保持头脑清醒：你要力求维持冷静的思维模式并信任你选择的策略。

（5）感到强烈抵触时，后退并缩小目标：虽然微习惯很小，但这种情况是存在的。

（6）提醒自己这件事很轻松：经常提醒自己：做一个俯卧撑很容易，写50字很容易等。

（7）绝不要小看微步骤：积小成大，积少成多。如果你意志力较弱，微习惯养成的八个步骤或许是你前进的唯一途径。

（8）用多余精力超额完成任务，而不是制定更大目标。这一点很重要，大目标在纸上看着漂亮，但只有达成才算数。

（五）习惯性总结

当发现自己在进步、能力有所提升的时候，你就可以对比现在的自己相较过去有了怎样的发展，这会强化你的行为，增强你的内驱力和信心。因此定期的自我总结和自我反思对于强化自制力、修正行为有积极的作用。

每日反思，有时候可以只是几句话，有时候可以长达数千字，视心而动，视情而定，只要能让自己看清问题并发生改变就好。再在每半个月或者一个月的时候，进行一次总结，对前段时间发生的事情进行复盘。如果你能够反思总结，也必然会关注身体、情绪和思维三个层面的问题，进而不断优化和改进自己。这个过程中当然也会产生很多灵感、顿悟和创意，只要你去实践，就会有很多发现。

有反思的生活，就好比每天在时间的溪流中拾取一块闪亮的小石头，然后精心打磨，不久之后你就会发现自己身上已经有了一大袋认知晶石，这些认知晶石就是你生活的印记和结晶。有了这些认知晶石打底，你的生命质量和密度将远远超过那些不反思的人。甚至你可以在很小的年纪就拥有比同龄人更高的认知水平，因为那些只行走不反思的人，即使在生活长河中站了很久，也依然两手空空。

总结的方式可以多种多样，可以是做表格、记日记、写文档等，只要能够定期进行即可。你需要留意每天学习生活中最触动自己的点，不管这个点是令人欣喜的感悟，还是令人难受的困惑，只要它在心头燃起火花，你就把它摘取下来，记录到文档里复盘。

五、提升自制力的任务清单

□ 大学一年级时，完成自我认知性格类型测试和职业测试

完成情况：＿＿＿＿＿＿＿＿＿＿＿＿＿＿＿＿＿＿＿＿＿＿＿＿

＿＿＿＿＿＿＿＿＿＿＿＿＿＿＿＿＿＿＿＿＿＿＿＿＿＿＿＿＿＿

实现自制力提升的自我评估：＿＿＿＿＿＿＿＿＿＿＿＿＿＿＿＿

＿＿＿＿＿＿＿＿＿＿＿＿＿＿＿＿＿＿＿＿＿＿＿＿＿＿＿＿＿＿

指导教师评价：＿＿＿＿＿＿＿＿＿＿＿＿＿＿＿＿＿＿＿＿＿＿

＿＿＿＿＿＿＿＿＿＿＿＿＿＿＿＿＿＿＿＿＿＿＿＿＿＿＿＿＿＿

□ 在大学二年级时，初步设立大学目标与职业目标

完成情况：_____

_____

实现自制力提升的自我评估：_____

_____

指导教师评价：_____

_____

□ 在大学三年级时，明确未来发展目标，并有详细行动计划

完成情况：_____

_____

实现自制力提升的自我评估：_____

_____

指导教师评价：_____

_____

□ 在大学四年级时，评估自己大学目标的完成

完成情况：_____

_____

实现自制力提升的自我评估：_____

_____

指导教师评价：_____

_____

□ 每学期制定学习行动执行计划

完成情况：_____

_____

实现自制力提升的自我评估：_____

_____

指导教师评价：_____

_____

□ 坚持每月进行一次反思与总结

完成情况：_____

_____

实现自制力提升的自我评估：_____

_____

指导教师评价：＿＿＿＿＿＿＿＿＿＿＿＿＿＿＿＿＿＿＿＿＿

＿＿＿＿＿＿＿＿＿＿＿＿＿＿＿＿＿＿＿＿＿＿＿＿＿＿＿＿＿

□ 每周坚持到教室或者图书馆学习三至四次

完成情况：＿＿＿＿＿＿＿＿＿＿＿＿＿＿＿＿＿＿＿＿＿＿＿＿

＿＿＿＿＿＿＿＿＿＿＿＿＿＿＿＿＿＿＿＿＿＿＿＿＿＿＿＿＿

实现自制力提升的自我评估：＿＿＿＿＿＿＿＿＿＿＿＿＿＿＿

＿＿＿＿＿＿＿＿＿＿＿＿＿＿＿＿＿＿＿＿＿＿＿＿＿＿＿＿＿

指导教师评价：＿＿＿＿＿＿＿＿＿＿＿＿＿＿＿＿＿＿＿＿＿

＿＿＿＿＿＿＿＿＿＿＿＿＿＿＿＿＿＿＿＿＿＿＿＿＿＿＿＿＿

□ 每周坚持运动 1—2 次，每次 20 分钟以上

完成情况：＿＿＿＿＿＿＿＿＿＿＿＿＿＿＿＿＿＿＿＿＿＿＿＿

＿＿＿＿＿＿＿＿＿＿＿＿＿＿＿＿＿＿＿＿＿＿＿＿＿＿＿＿＿

实现自制力提升的自我评估：＿＿＿＿＿＿＿＿＿＿＿＿＿＿＿

＿＿＿＿＿＿＿＿＿＿＿＿＿＿＿＿＿＿＿＿＿＿＿＿＿＿＿＿＿

指导教师评价：＿＿＿＿＿＿＿＿＿＿＿＿＿＿＿＿＿＿＿＿＿

＿＿＿＿＿＿＿＿＿＿＿＿＿＿＿＿＿＿＿＿＿＿＿＿＿＿＿＿＿

□ 每天坚持"微习惯"，坚持做好身边的一件小事情

完成情况：＿＿＿＿＿＿＿＿＿＿＿＿＿＿＿＿＿＿＿＿＿＿＿＿

＿＿＿＿＿＿＿＿＿＿＿＿＿＿＿＿＿＿＿＿＿＿＿＿＿＿＿＿＿

实现自制力提升的自我评估：＿＿＿＿＿＿＿＿＿＿＿＿＿＿＿

＿＿＿＿＿＿＿＿＿＿＿＿＿＿＿＿＿＿＿＿＿＿＿＿＿＿＿＿＿

指导教师评价：＿＿＿＿＿＿＿＿＿＿＿＿＿＿＿＿＿＿＿＿＿

＿＿＿＿＿＿＿＿＿＿＿＿＿＿＿＿＿＿＿＿＿＿＿＿＿＿＿＿＿

第二节　责 任 心

许多人之所以能出类拔萃，并不全是因为他们做了自己热爱的事情。在更多的情况下，他们把一件事情当作一种不可推卸的责任担在肩头，全身心地投入其中，在"在其位、谋其政、尽其责、成其事"的高度责任感的驱使下，取得了令人瞩目的成功。

拓展学习 主动承担那些不可推卸的责任

美国心理学博士艾尔森对 100 名各领域中杰出人士做了一项问卷调查，结果令人惊讶：61% 的成功人士承认，他们所从事的职业并不是内心最喜欢的职业，他们之所以能成为成功人士，是因为他们都会主动承担那些不可推卸的责任。而且他们一旦做出选择，就会全身心投入。承担责任需要付出代价，但责任往往也伴随着获得回报的权利。承担责任，是自尊、自信的表现，是自立自强的必然选择，是走向成熟的重要标志。有些该做的事情，并不是我们自愿选择的，但我们仍要为之承担责任。

一、具备责任心的理想状态

责任从本质上来说，是一种与生俱来的使命，责任就是对自己所负使命的忠诚和信守。责任是人性的升华，当一个人认真对待工作和生活时，他必然能感受到责任所带来的力量。只有那些勇于承担责任的人，才能出色地完成工作，才有可能被赋予更多的使命。一个缺乏责任感的人，或者一个不负责任的人，必然会失去社会对他的基本认可、会失去他人的信任和尊重。没有自身的信誉和尊严，就没有自身的立足之地。

责任心的理想状态更是如此。承担责任需要有广阔的胸怀，在很多时候，承担责任无异于承担风险，有时甚至要蒙受委屈，承担责任还需要有顾全大局的"弃我"精神做支撑，只要是为了集体的利益，就要勇敢地去承担责任，甚至需要放下个人的利益，在责任心的鞭策下努力解决难题、化解危机，进一步带动其他成员参与进来。承担责任既能维护集体利益，也能使团队的凝聚力得到提升。

（一）责任心的含义

责任心是个人对自己和他人、家庭、集体、社会和国家所负责任的认识、情感和信念，以及与之相应的遵守规范、承担责任和履行义务的自觉态度。它是主体在责任认知的基础上积极履行责任的态度和情感经验，并表现出愿意付诸相应责任行为的倾向，包括知、意、情、行四个要素，即包括了责任认知、责任意识、责任情感与责任行为的总和。

拓展学习　自由与责任是矛盾的吗？

什么是自由？自由与责任是矛盾的吗？为什么说自由需要牺牲？

自由分为两种，一种是自由选择，另一种是自由意志。第一种，自由选择，具有一定的道德责任（不损害他人利益，不侵犯他人自由）；第二种，自由意志，作为自由选择的先决条件，可以被描述为正确的道德观下的正确选择。

我们所认为的自由，往往是我们所认为的正确的选择。为什么我们要追寻自由？每个感到不自由的人都深深地希望能够从那些消极的状态中摆脱出来（如怨恨、不信任、压迫、沮丧、他人的期望、公众评判的标准、自我审视，以及恐惧），并希望自由能帮助我们找到理想的状态。

自由并非脱缰的野马。黑格尔说，自由是对必要性的认识，意思是对事物的发展规律理解越深，行动起来越得心应手，越感到自由。斯宾诺莎认为，只要能正确运用理性，思想便能完全处于自己的权利之下，即得到完全的自由。而马克思进一步认为，自由是对必要性的超越，是对客观世界的改造。可见，自由的正确性意味着能够认识到客观存在的现实、行为所带来的后果，并做出理性的、正确的回应。

人生来被动，却能主动选择体验，体验我们的人生、体验这个世界。而体验之所以为体验，而不是观察，是因为我们对于周遭的一切有所回应。这种回应决定了我们对于未来的体验方式，也就是说，我们对于生活的回应方式是对未来的自由选择。而正确的回应，谓之责任。因此自由和责任并不矛盾，关键在于选择正确的自由和正确的责任。

真正的自由勇士不会惧怕责任。责任能够帮助我们体会和感受自我的真实性、自己的潜力和自身的自由。一旦我们感受到了这种内在的自由，我们就能发挥对于生活最大的热情，并感受到人生的意义。

（二）责任心充分发展的特征

责任心是对所承担的事情的一种爱，它不是一种被迫的举动，而是一种自发的反应。我们也应该清楚，对谁给予得越多，对谁的要求也就越多。如果要享有权利，就要承担相应的责任。

1. 做事、做人的态度发乎内心，能量充沛、动力十足、内心笃定

责任心是发乎内心的，正因为兴趣所在、内心所向，人才有动力去坚持。所谓心之所向，行之所得，正因为发于心，所以我们内心笃定、精力充沛、动力不断。责任心就是对人对事有一种情感驱动，不是出于头脑发热的想法，不是一时冲动造就的举动，而是出于对人和对客观事物的热爱和专注的选择。

> **拓展学习**　有态度的人，从不将就
>
> 　　一个对事物有态度的人，从来不会做"差不多先生"。在他们的内心深处，总是住着一位"匠人"，这位"匠人"用独有的匠心，支撑着他们前行，精益求精，从不将就。明代医药学家李时珍便是一位有态度、有匠心的人。因为一次伤风病人中毒事件，李时珍下定决心要弄懂所有中药的药性，为天下人谋福祉。他开始拜访名师，请教医术，四处采药，亲尝药性。面对长相相似的草药，他会不厌其烦，反复比较，耐心观察，直到得出准确的草药知识。为了确保药性，他一口又一口地尝试着草药，哪怕中毒晕倒，醒来后也会兴高采烈地把结果记录下来。有人说这样的行为太冒险，李时珍却说："不尝尝，怎么能知道它的功效呢？总不能拿病人做实验呀！"
>
> 　　正是这种匠人精神，对事物不将就的态度，李时珍终于写出了伟大的医学著作《本草纲目》。《本草纲目》被翻译成十几种文字，被誉为"东方医学巨典"。

2. 忠诚、值得信赖

承诺于人，必有回响。中国人常讲"一言既出，驷马难追"。接受了别人的委托，就要忠于别人委托的事情，把自己的承诺当作使命去完成。一个人如果能做到"受人之托，忠人之事"，他得到的定是别人的信任和尊重；一个人只有自觉为团队做些什么，才能真正得到这个团队的承认；一个组织如果能做到言出必行，那就会得到无价的信誉和社会效益。

> **拓展学习**　致加西亚的一封信
>
> 　　美西战争爆发后，美国必须尽快跟西班牙的反抗军首领加西亚取得联系，展开合作。然而加西亚身居古巴丛林的深山里，一直没有人知道他确切的地点，所以无法带信给他。这时，有人告诉美国总统麦金莱说："有一个名叫安德鲁·罗文的人，有办法找到加西亚，也只有他才找得到。"于是他

们把罗文找来，交给他一封写给加西亚的信。虽然不知道加西亚具体在什么地方，但罗文还是出发了。三周之后，他闯过一个个凶险密布、机关重重的困境，把那封信交给了加西亚。从此，"致加西亚的一封信"成了某种具有象征意义的东西，成了一种承诺，一种坚持，成为了忠诚与坚定的象征。

3.敢担当、敢负责

勇于承担，是有责任心的体现。一个人敢于面对现实，勇于承担责任，就是有责任心的。当问题找上门的时候，有担当的人的第一反应不是为自己辩解，而是寻求解决之路。面对突如其来的挑战，不要想着怎样逃避、找借口，而要去想如何积极解决。

4.抗压、有抗挫力

在面临挑战和打击的时候可以顶住压力，坚持履行好自己的职责，这是有责任心的表现。在履行职责的过程中，要拥有面对外在挫折、压力、不确定性的勇气，拥有战胜内在不适感、不良反应和恐惧的精神，坚守自我，不中途放弃，甚至越挫越勇，不断超越自我。

二、责任心的观测指数与测评

责任心水平的观测用于反映测试者对个体、集体及社会的责任感。

（一）责任心的观测指数

1.耐心指数

耐心指数是指能够接受延迟满足的程度，对过程的关注和享受的程度。耐心指数高的人往往拥有更强的责任心，会对事件的整个过程负起责任，而不急于结束、敷衍了事。

耐心是一种不稳定的属性，将一个人笼统地评价为有耐心或没耐心是很片面的，它会随着人的不同状态而产生波动。耐心指数低的时候，人们容易做一些冲动的事，如暴饮暴食、熬夜看手机，在自我放纵中丧失思考的能力，甚至索性进入"自动驾驶"的模式，陷进舒适区里，顺从于原始的心理。而当耐心指数变高时，人们对过程的关注和享受会相应增强，就不会急于获取成果和满足欲望，能够专心致志地做好事情。就像煎牛排，耐心指数高的人可以把握好最合适的火候，而耐心指数低的人会因急于吃到牛排而煎得过生或过老，导致功亏一篑。

通过刻意训练耐心指数来增强责任心，有助于我们坚守初心，使我们更加自律，增强对欲望的抵抗力和对痛苦的忍耐力，能够帮助我们扛住压力、坚定信念，对结果负责、对努力负责。

提高耐心指数就是提高自我满足的阈值，实现从物质满足到精神满足的提升，是对马斯洛金字塔的不断攀登，也是提升自我的阶梯。耐心指数决定了是否能在比赛的最后一秒坚持下去，这种坚持是对平日的付出的负责，是对努力的负责，是对自我价值的负责。不应为了急于求成、急于结束而草率地结束努力、放弃退场。

2. 靠谱指数

靠谱指数是指负责任、值得信赖、被信任的程度。

"靠"，即依靠，能给他人依赖与安全感；"谱"，即能按照准则办事，依"谱"而行。靠谱分为两种：一种是内在的靠谱，是自己对自己的承诺。不轻易许诺，但只要许诺了，就一定会努力兑现；另一种是外在的靠谱，是赢得别人的信任与嘱托的外在行动。靠谱的人，总能给人以信任感。海涅说："生命不可能从谎言中开出灿烂的鲜花。"同样，人不可能在不靠谱中活出艳丽的色彩。

当我们在说一个人靠谱、守信、有职业素养时，其实是在说这个人能遵守约定。而在关键时刻消失，承诺的结果一变再变，共同定下的方案屡次推翻……这样不遵守约定的人，注定无法在成功路上走远。一个在职场或者学校中经常毁约的人，就是在透支他人对他的信任，信任度一旦破产，往往会失去很多机会。靠谱的人，每一次的说到做到，都是在积累个人的信用财富。

（二）责任心的测评

责任心有胜任、条理、尽职、成就、自律、谨慎、克制等特点，请根据自身实际情况完成表 4.2 中的 30 道题。

表 4.2 责任心测评表

序号	问　题	非常符合	比较符合	不确定	不太符合	完全不符
1	我承担责任前会有慎重的思考					
2	我在做出一个决定之前必须进行周详的考虑审视					

序号	问　　题	非常符合	比较符合	不确定	不太符合	完全不符
3	我很少仓促地做出决定					
4	有时我会因一时冲动而做一些令我后悔的事情					
5	如果身边的人做事违背社会公德，我会及时制止					
6	我有一系列清晰的目标，并能围绕它们按部就班地展开工作					
7	当责难临头时，我有时除了撒谎以免被罚外别无他法					
8	我在采取行动之前往往要先考虑后果					
9	当事情出问题时，我喜欢责怪自己					
10	当我做出承诺后，我总是能够照着去做					
11	一旦我开始一项工作，我一定会将它做完					
12	我努力完成一切我所能做到的事情					
13	我尽量将我所做的一切事情都做得出色					
14	我不会对小事置之不理					
15	我经常在事情不顺利时感到受挫并想因此放弃					
16	我对不确定的事情不会信口开河					
17	我会经常为宿舍的环境承担一定的责任					
18	在遇到危机时，我觉得我能很好地控制自己					
19	遇到困难时我经常拖延逃避					
20	无能为力时，我往往选择逃避					
21	我在遇到困难时总能保持战胜它的信心					
22	面对突发的状况，我总能保持冷静					
23	我在朋友眼中是值得信赖的					

续　表

序号	问　　题	非常符合	比较符合	不确定	不太符合	完全不符
24	我要么不做，只要答应下来就会善始善终					
25	在执行开放性任务时，我会重视任务的完成而忽略质量					
26	我经常为家人分忧解难					
27	当老师安排工作，同学推举我时，我会乐意接受					
28	有时候我并不像我所应该的那样可靠和值得信赖					
29	我的内心有较强的信念感，且不会因责任重大而感到畏惧					
30	当我意识到自己的行为和思想发生偏差时，会及时行动起来					

计分方式：题目 1—3、5、6、8—14、16—18、21—24、26、27、29、30 选择非常符合计 5 分，比较符合计 4 分，不确定计 3 分，不太符合计 2 分，完全不符计 1 分；题目 4、7、15、19、20、25、28 选择完全不符计 5 分，不太符合计 4 分，不确定计 3 分，比较符合计 2 分，非常符合计 1 分。

测评结果：

121—150 分：你是一个富有责任心的人，遇事不推脱。

91—120 分：你已具备很强的责任心，能主动做事、主动承担，是值得他人信赖的人。

61—90 分：你需要在面对问题时，多发挥自己的主动性，及时站出来解决问题。

30—60 分：你需要在生活中多承担责任，学习成为一个靠谱的人。

三、实现责任心发展的原则

责任感是知行合一思想的具体表现，责任心的建立是知与行的有机结合，其中知是责任感培育之基础，行是责任感培育之归宿。习近平总书记强调："道不可坐论，德不能空谈。于实处用力，从知行合一上下功夫。"责任心的充分发展是知与行统一的过程，要以责任认知理念、责任担当精神、责任实践能力三个维度为着力点。在这一节，我们要重点解决知的问题，破除制约性、阻碍性的观念，建立有益性、促进性的观念。

（一）责任心影响因素

为了避免责任，从而拒绝选择；为了回避失败，从而逃避事实；为了推卸责任，从而责备他人，这些都会制约责任心的建立。

1. 逃避责任，拒绝选择

有些人认为自己不选择就不用负责任，这样自己就自由了。选择或者不选择本身就是一种选择，人始终要为自己的选择负责。自由选择和责任并不矛盾，事实上自由意味着选择，选择意味着责任，人们如果为了逃避责任而放弃做出选择，其实也就失去了自由。

2. 逃避事实，回避失败

鸵鸟心态是一种逃避现实的心理，也是一种不敢面对问题的懦弱行为。心理学家通过研究发现，现代人面对压力大多会采取回避态度，明知问题即将发生也不去想对策，结果只会使问题更加复杂、更难处理。这就像鸵鸟被逼得走投无路时，便把头钻进沙子里。这样做只是在自欺欺人。

3. 责备他人，推卸责任

通过在别人身上找原因来推卸责任是一种逃避心理。比起向自己提要求，有些人更倾向于对外界提要求，通过转移视线，来试图推卸个人的责任。这样的人内心比较虚弱，心理上缺乏安全感，没担当，承担不了责任，所以也很难被人委以重任。

4. 放弃人生的主动权与控制感

对责任的放弃，也是对生活与人生的主动权和控制权的放弃。个人要求获得的东西越多，那需要承担的也就越多。权利与责任相伴、幸福与责任同行，如果想自己掌控自己的人生，就需要承担起相应的责任。不依赖他人，将主动权掌握在自己手中，自己对自己的人生负责，不要让他人来决定。责任心是驱使个人独立成长的动力，独立自主的自我能容纳更坚定的责任心。

（二）增强责任心的原则

履行责任可以增长才干，获得认可和赞誉，实现奋斗目标。

1.责任是回报的前提

在群体中，要获得就要有承担。只有承担责任，才有可能创造价值。价值无论大小，都是因为有人承担了责任才产生的。承担责任，是对自身价值的一种证明。你承担的责任越大，表明你的价值就越大，社会和企业就越是需要你。因此，责任是回报的前提。不要总是想自己能够得到什么，而应想想自己承担了什么责任。有责任心的人，才有可能被赋予更多的责任。责任并不意味着牺牲，责任是获得的开始。

2.高社会认知带来高责任感

当一个人在社会中，对自己的角色认知越来越清晰的时候，就会增强责任感。高度的社会认知甚至会让人放弃个人眼前的小利益，去实现更广阔的生命价值。

在与家人、朋友、同事相处时，有责任感的人更能被接受和被需要，因而人们也更愿意主动做一些为他人谋利的事情。在一个群体中，一个人如果意识到自己会因为这个群体变好而受益，就会愿意为群体的发展多承担一些；在社会生活中，一个人如果意识到与更多人进行合作才可以得到更多的机会，就会愿意去保护对方、协助对方。例如企业的员工，会主动承担一些不是分内的工作，让企业运作更顺畅；小区的居民会主动去保护公共设施、环境和秩序，让小区住得更舒适；国家的公民会主动投入国家建设，让国家文明强大，让人民生活幸福。

3.用底线明确责任界限

底线往往与责任紧密相连，两者相辅相成。守住底线，体现的是尽职尽责；明确责任，目的是守牢底线。

桶无底则不装水，而人无底则无品，一个人要有自己的行为准则和道德底线。一个能够坚守行为准则和道德底线的人，往往能够分清是非对错，具备判断能力，也能对自己和社会负责。拥有自我价值实现和承担社会责任的勇气，代表着他们对自己有了更高的精神标准和要求。

4.在细节中坚守责任

对细节负责，才能对大事情负责。细节积累起来，能够成为关键。对细节的关注是高度负责的表现，是全力以赴以高标准履行职责的表现。俗话说习惯成自然，不能指望平时不注意关注细节的人在最后关头超常发挥。只有对细节上心，并且多加关注，才能把认真负责的精神融入日常生活中，责任心就是在这个过程中被培养起来的。细节成就责任心，责任心也决定了细节。

四、增强责任心的方法

增强责任心主要体现在执行力与规范行为的显性行为中，责任心的充分发展与增强会为个人的发展增添动力，为个人带来承诺兑现的惊喜。

（一）不做责任的旁观者

在责任和借口之间，选择责任还是选择借口，体现了一个人的生活和工作态度。承担责任的人，不会做责任的旁观者，不会置身事外，也不会将责任的皮球踢给别人，而会勇于承担，尽职尽责，尽一切努力把事情做好。

要增强责任心，一要做到勇于承担，不推脱，只有勇敢地承担起来，才称得上履行了责任；二要做到不为逃避现实找借口，勇敢面对，用找借口的时间找方法；三要主动发现问题，主动做与自己责任有关的事情。

> **拓展学习**　旁观者效应
>
> 在社会生活中有一种现象被称为旁观者效应，又名责任分散效应，是指对某件事来说，如果个体被要求单独完成任务，责任感就会很强，会做出积极的反应。但如果要求一个群体共同完成任务，群体中的每个个体的责任感就会被无限弱化，面对困难时往往会退缩。因为前者被要求独立承担责任，后者期望别人多承担一些团队的责任。
>
> 旁观者效应无疑是恐怖的，如果以一个群体为单位去完成一项任务，那么群体中的每个个体的责任感就会相对减弱，从而使整个任务的完成出现一定的责任感缺失，严重时甚至会造成任务失败。

（二）学做靠谱的人

每一个人都应该有这样的信心：别人所能负的责任，我必能负；别人所不能负的责任，我亦能负。如此，才能磨炼自己，堪当重任。

面对做不到的事情，不要轻易答应。做不到的事别轻易承诺，承诺了就要做到，否则就会失信于人。于己，会失掉自己的信誉，于人，则耽误了他人的事情。因此在答应去做一件事之前要对自己的能力有一个充分的估计，做不到的时候不要轻易夸下海口，不要逞口舌之快，要保持理性，对自己负责，对他人负责。

此外，要做到凡事有交代，事事有回应。对于别人交代的事情，有没有能力办好，多长时间完成，都该给出答复；中途如果遇到困难，应及时反馈。做事有交代的人，更能赢得他人的信赖。说话做事虎头蛇尾、没着没落的人，经不起时间考验，也不会被托付重要的事情。

（三）养成不抱怨的心态

我们常常会遇到满腹牢骚的人，经常抱怨不公的安排，抱怨工作量太大，抱怨工作太烦琐，抱怨同学不合作，等等。抱怨的情绪会让人觉得自己永远只是受害者而不是责任者。这样下去，就会慢慢放弃尝试解决问题，不主动独立完成任务，丧失自己的责任。这样的抱怨毫无意义，最多是暂时的发泄，什么结果也得不到，甚至会让人失去更多。

经常抱怨还会使你变得弱势，被人忽视。当你抱怨的时候，你希望得到别人的怜悯、同情和照顾，你越抱怨，自己的内心越感到虚弱。抱怨还会导致你放弃自我成长，推脱自己的责任，寻找借口放弃自我提高与改善的机会。抱怨还可能破坏人际关系，总想让别人按照自己的要求改变，让人反感和无法接受。与其抱怨不休，不如通过合理的途径来解决，及时转变态度，踏踏实实地履行责任。

拓展学习　当你想抱怨的时候可以这样做

第一步，当忍不住要抱怨时，你要闭紧嘴巴，默默地在心里抱怨，一定不要说出来。

第二步，一旦心情好转，要迫使自己尽快考虑工作，想想怎样执行才会尽善尽美。

只有尽快将注意力转移到主动考虑怎样执行任务上，才会在无形中将抱怨的情绪化解。可见，要消除抱怨，关键是态度的转变。当你认识到抱怨根本无济于事时，你才会主动改变这种陋习。一旦不再抱怨，你的工作自然会大大提高效率。

五、增强责任心的任务清单

□ 竞选班干部或参加学生组织，坚持长期承担一项工作或者任务

完成情况：＿＿＿＿＿＿＿＿＿＿＿＿＿＿＿＿＿＿＿＿＿＿＿

＿＿＿＿＿＿＿＿＿＿＿＿＿＿＿＿＿＿＿＿＿＿＿＿＿＿＿＿＿

实现责任心增强的自我评估：＿＿＿＿＿＿＿＿＿＿＿＿＿＿＿＿

＿＿＿＿＿＿＿＿＿＿＿＿＿＿＿＿＿＿＿＿＿＿＿＿＿＿＿＿＿

指导教师评价：＿＿＿＿＿＿＿＿＿＿＿＿＿＿＿＿＿＿＿＿＿＿＿

＿＿＿＿＿＿＿＿＿＿＿＿＿＿＿＿＿＿＿＿＿＿＿＿＿＿＿＿＿

□ 参加一项社区服务、支教活动等公益性志愿活动

完成情况：＿＿＿＿＿＿＿＿＿＿＿＿＿＿＿＿＿＿＿＿＿＿＿

＿＿＿＿＿＿＿＿＿＿＿＿＿＿＿＿＿＿＿＿＿＿＿＿＿＿＿＿＿

实现责任心增强的自我评估：＿＿＿＿＿＿＿＿＿＿＿＿＿＿＿＿

＿＿＿＿＿＿＿＿＿＿＿＿＿＿＿＿＿＿＿＿＿＿＿＿＿＿＿＿＿

指导教师评价：＿＿＿＿＿＿＿＿＿＿＿＿＿＿＿＿＿＿＿＿＿＿＿

＿＿＿＿＿＿＿＿＿＿＿＿＿＿＿＿＿＿＿＿＿＿＿＿＿＿＿＿＿

□ 每天照顾寝室里的植物

完成情况：＿＿＿＿＿＿＿＿＿＿＿＿＿＿＿＿＿＿＿＿＿＿＿

＿＿＿＿＿＿＿＿＿＿＿＿＿＿＿＿＿＿＿＿＿＿＿＿＿＿＿＿＿

实现责任心增强的自我评估：＿＿＿＿＿＿＿＿＿＿＿＿＿＿＿＿

＿＿＿＿＿＿＿＿＿＿＿＿＿＿＿＿＿＿＿＿＿＿＿＿＿＿＿＿＿

指导教师评价：＿＿＿＿＿＿＿＿＿＿＿＿＿＿＿＿＿＿＿＿＿＿＿

＿＿＿＿＿＿＿＿＿＿＿＿＿＿＿＿＿＿＿＿＿＿＿＿＿＿＿＿＿

□ 保持个人卫生整洁，每周主动打扫寝室卫生

完成情况：＿＿＿＿＿＿＿＿＿＿＿＿＿＿＿＿＿＿＿＿＿＿＿

＿＿＿＿＿＿＿＿＿＿＿＿＿＿＿＿＿＿＿＿＿＿＿＿＿＿＿＿＿

实现责任心增强的自我评估：＿＿＿＿＿＿＿＿＿＿＿＿＿＿＿＿

＿＿＿＿＿＿＿＿＿＿＿＿＿＿＿＿＿＿＿＿＿＿＿＿＿＿＿＿＿

指导教师评价：＿＿＿＿＿＿＿＿＿＿＿＿＿＿＿＿＿＿＿＿＿＿＿

＿＿＿＿＿＿＿＿＿＿＿＿＿＿＿＿＿＿＿＿＿＿＿＿＿＿＿＿＿

□ 阅读关于责任感的书籍，如《钢铁是怎样炼成的》，体会主人翁的责任
与担当

完成情况：＿＿＿＿＿＿＿＿＿＿＿＿＿＿＿＿＿＿＿＿＿＿＿

＿＿＿＿＿＿＿＿＿＿＿＿＿＿＿＿＿＿＿＿＿＿＿＿＿＿＿＿＿

实现责任心增强的自我评估：＿＿＿＿＿＿＿＿＿＿＿＿＿＿＿＿

指导教师评价：_____

第三节　创新力

创新力是个体性非认知能力中的重要组成部分，它既是人类独有的天赋，也是人类最重要的能力之一。党的二十大报告多次提到"创新""创造"，如"激发全民族文化创新创造活力"，"必须坚持科技是第一生产力、人才是第一资源、创新是第一动力，深入实施科教兴国战略、人才强国战略、创新驱动发展战略，开辟发展新领域新赛道，不断塑造发展新动能新优势"。创新力已成为21世纪人才必备的核心素养，加强创新力研究，培养创造性人才，促进科技、经济、社会、组织管理等领域的创新，已成为国际社会和学术界共同关注的重大问题。

一、具备创新力的理想状态

（一）创新力的含义

创新力是指乐于拥抱未知，时常保持好奇心，敢于尝试不同，迸发出灵感直觉的能力。

拥有创新力的人乐于拥抱未知。假如你对未知事物感到恐惧，那你便会一直停留在原地；而如果你对未知产生强烈的好奇心，你就会跃跃欲试，主动进行探索。你在向新的方向挖掘自己的潜能，在扩展对于环境的了解的同时，也将自己拓展了。当你可以和不确定性安然共处时，无限的可能性就在生命中展开了，这就是拥抱未知的魅力。

好奇是创新的源头，创新力来自对未知领域的好奇，以及将这种好奇付诸行动、不断尝试探索。"我没有特别的天才，只有强烈的好奇心。永远保持好奇心的人是永远进步的人。"爱因斯坦的这句话是对好奇心最好的诠释。好奇心是一种喜欢探究事物的心理状态，是推动人的成长的基本动力之一。根据达尔文的理论，一般的灵长类动物有三种驱动力：食物、性和居住地，而人类具有第四种驱动力，那就是好奇心。我们常说的兴趣、激情、梦想等，都是从好奇心里生长出来的枝丫。

（二）创新力充分发展的特征

马斯洛把具有创造力看作一个人自我实现的重要特征。他认为，教育人才，比方说培养工程师的正确方法就是将他们培养成具有创造力的人，能够面对陌生的情况随机应变，甚至能享受新事物和改变的乐趣。具有创新力的人通常具备以下特征。

1. 在不确定和未知的场域下发现和解决问题

在不确定和未知中，人没有经验可循、没有攻略可查，但人可以发现和提出问题，这就是创新力的表现。创新思维不被未知困扰，不被现实迷惑，不被定式思维影响，不被权威约束。在不确定和未知中敢于超越，敢于打破，无畏无惧的人就是充满创造力的人。

2. 在日常学习生活中能尝试不同和冒险

阻碍创新思维的因素分为许多种，但是最主要的还是内心枷锁。枷锁能使人的心灵模式结构化，并具有强大的惯性。心理学家曾设计过这样一种思维游戏：在木桌上摆上一张 10 美元的钞票，在钞票正中央压上一把竖直放着的没开刃的菜刀，菜刀上支撑一个横过来的木杆，木杆两端系上平衡锤，稍有晃动就会倒下来。参加实验的人员被要求将钞票从菜刀上取出，且不破坏原有摆设。经过多次尝试，参与者们发现，不管怎样小心，要在取出钞票的同时维持设置不变都是不可能的。其实要想解决这个问题，有一个极为简单的方法，就是把钞票撕开后取出，然而绝大多数参与者都想在不破坏钞票的情况下完成实验，这一思维惯性限制了问题的解决。面对有些问题时，要敢于冒险，脱离大众思维，尝试从新的角度解决，这样才会拥有创新力。

拓展学习　戈尔迪乌姆之结

公元前 334 年，亚历山大大帝率大军来到了小亚细亚的北部城市戈尔迪乌姆。在这座城市的卫城上，矗立着宙斯神庙。神庙之中，有一辆献给宙斯的战车。这可不是一辆普通的战车，在它的车轭和车辕之间，用山茱萸绳结成了一个绳扣，绳扣上看不出绳头和绳尾，要想解开它，简直比登天还难。几百年来，戈尔迪乌姆之结难住了世界上所有的智者和巧手工匠。亚历山大大帝对这个传说很感兴趣，于是命人带他去看这个神秘之结。他见到了车，见到了绳，但见不到绳头和绳尾。他明白若按正常途径，是解不开这个结的。他凝视绳结，猛然之间拔出宝剑，手起剑落，绳结破碎。在场的人惊呆了，继而发出雷鸣般的欢呼声，齐声赞誉亚历山大是超凡的神人。

3. 在习以为常中能看出不同

惯性思维是一种消极的东西，它使头脑忽略了定式之外的事物和观念。创新就像一副有色眼镜，戴上它就可以看到与平常生活不同的颜色，就能在习以为常中看出不同。就像牛顿在苹果落下这一普通的现象中发现了万有引力定律；瓦特在看到开水滚滚冒泡的场景时，联想到了改良蒸汽机的方法。面对一个极为普通的现象，大多数人都熟视无睹，但有创造力的人可以发现差异，认识到不同。

4. 开放思维，跨界多元

跨界是指利用系统的方法，进行不同思想和不同知识的交会、激荡与冲击。拥有跨界能力的人可以通过接触多元信息和知识，借助思维的冲击创造出新思维、新发现、新方法和新智慧。

思维是有壁障的，只有拥有开放的思维才能实现跨界，只有打破壁障才能得到一个问题的多种答案。

二、创新力的观测指数与测评

著名物理学家劳厄谈教育时说："重要的不是获得知识，而是发展思维能力，教育无非是将一切已学过的东西都遗忘时所剩下来的东西。"劳厄的谈话绝不是否定知识，而是强调人只有将知识转化为能力，才能使知识成为真正有用的东西。大量的事实表明，古往今来的许多成功者既不是那些最勤奋的人，也不是那些知识最渊博的人，而是那些思维敏捷、最具有创新意识的人，他们懂得如何去正确思考，他们善于利用头脑的力量。

（一）创新力的观测指数

1. 空杯指数

空杯指数是指保持内在空灵，对未知的、新鲜的、不确定性的事物的接纳程度。

实际上，我们绝大多数人往往习惯于沉浸在现有的、固定的生活和习惯当中，像温水里的青蛙一样逐渐失去了探索未知、尝试新鲜的欲望；又由于认知权威等固有思维的阻碍，对世界的变化往往反应迟钝。时常保持"空杯""空灵"状态，才能够放开思维，接受和发现未知的、新鲜的变化。

> **拓展学习**　圆点实验
>
> 　　有一位心理学家做了这样一个实验，他在黑板上用粉笔画了一个圆点，问在座的高中生："这是什么？"高中生们异口同声地回答："是粉笔点。"心理学家来到幼儿园，用同样的问题问幼儿园的小朋友，小朋友们的回答五花八门："是圆面包。""是小纽扣。""是天上的星星。""是大灰狼的眼睛。"答案竟然有几十种。

2．导航指数

导航指数又叫作经验指数，指不依赖前人经验，拥抱"意外"、不安全感的程度。

我们生活在一个经验的世界里，从幼儿长到成年，我们看到的、听到的、感受到的、亲身经历的各种各样的现象和事件，都会进入我们的头脑构成经验。这也使得我们对于经验产生了信任和依赖。有些人开车、找地点要用导航；旅游、外出吃饭要看攻略等。在一般情况下，经验都是我们处理日常事务的帮手，但是从思维的角度看，经验具有很大的狭隘性，限制了思维的广度。

3．"冲动"指数

"冲动"指数是指对于未知领域所具有的探索、体验和揭示的欲望强度。

左拉曾经说过："生命的全部的意义在于无穷地探索尚未知道的东西。"富有创新力的人对于未知充满热望，他们享受灵感瞬间迸发时带来的喜悦，享受创造出新东西的兴奋感。

（二）创新力的测评

请仔细阅读表 4.3 中的 30 道题，根据自己的第一直觉做出判断。

表 4.3　创新力测评表

序号	问　　题	非常符合	比较符合	不确定	不太符合	完全不符
1	在学校里，我喜欢对未知事物或问题做猜测					
2	我喜欢仔细观察我没有看到过的东西					

续　表

序号	问　　题	非常符合	比较符合	不确定	不太符合	完全不符
3	我喜欢听情节曲折和富有想象力的故事					
4	我喜欢幻想一些我想知道或者想做的事情					
5	我觉得喜欢刨根问底的人很好					
6	我始终对周围的事物感到好奇					
7	我喜欢做许多新鲜事					
8	我思维活跃，能主动提出一些不同的观点					
9	我会沿着惯常的路去某个地方					
10	我觉得尝试新的游戏或活动，是一件有趣的事					
11	我不喜欢被太多的规则限制住					
12	我喜欢想一些新点子，即使用不着也无所谓					
13	我喜欢唱没有人知道的新歌					
14	我喜欢问一些别人没有想到的问题					
15	我有很强的创造天分和想象力，喜欢将事情重新整合					
16	我的观察力很强，能迅速对新的问题做出判断					
17	我没有持续学习和读书的习惯					
18	我喜欢学习多门学科的知识					
19	遇到问题时，我喜欢尝试多途径探索解决它的可能性					
20	遇到问题时，我能主动探索知识，完成知识更新					
21	我认为所有的问题都有固定答案					
22	有许多问题我都想亲自尝试解决					
23	一篇好的文章应该包含许多不同的意见或观点					

续　表

序号	问　　　题	非常符合	比较符合	不确定	不太符合	完全不符
24	我喜欢尝试新的事情，目的只是想知道会有什么结果					
25	我经常思考事物的新答案和新结果					
26	我能够经常从别人的谈话中发现问题					
27	在问题解决的过程中有新发现时，我总会感到十分兴奋					
28	我能够主动发现问题，以及和问题有关的各种联系					
29	我总是对周围的事物保持好奇心					
30	我观察事物向来很精细					

计分方式：题目 1—8、10—16、18—20、22—30 选择非常符合计 5 分，比较符合计 4 分，不确定计 3 分，不太符合计 2 分，完全不符计 1 分；题目 9、17、21 选择完全不符计 5 分，不太符合计 4 分，不确定计 3 分，比较符合计 2 分，非常符合计 1 分。

测评结果：

121—150 分：你有很好的创新力，能够快速地发现不同，不拘泥于常规，创新思维很活跃。

91—120 分：你的创新力良好，能够感知事物的变化，发现不同，容易接受新鲜事物和观点。

61—90 分：你对事物的变化不太敏感，需要更主动地接收新的观点和事物，尝试更多思维创新。

30—60 分：你不太容易接受新鲜事物，对事物变化的感知灵敏度和创新思维还需要提高。

三、实现创新力发展的原则

"创新"这个词，无疑是近些年使用频率最高的词汇之一。根据 2021 年发布的《全球创新指数报告》，中国的创新指数排名由 2015 年的 25 名，跃升至 12 名，也是唯一一个进入前 15 名的发展中国家，然而中国的专利申请数较之美国、德国等发达国家依然有很大差距，质量上也还有待提升。因此在创新这个领域还有很长的路要走，首先要做的就是思想观念的转变，需要让创新思维、创新意识先行，其中最关键的就是头脑的创新。

拓展学习 跳蚤实验

把跳蚤放在广口瓶中，用透明的盖子盖上。这时候跳蚤会跳起来，撞到盖子，而且是一次又一次地撞到盖子，随着时间的推移，会有一些有趣的事情发生。跳蚤会继续跳，但是不再跳到足以撞到盖子的高度，这时拿掉盖子，虽然跳蚤继续跳跃，但是已经不会再跳出广口瓶。这是什么原因呢？理由很简单，跳蚤已经调节了自己跳的高度，而且适应了这种情况，也就不会再改变自己了。

跳蚤是这样，人的思维也是这样。在现实生活中，影响你的创新力发展的因素有很多，具体表现在多种思维障碍方面。

（一）影响"创新力"发展的因素

思维障碍主要指的是头脑中束缚思维创新的各种枷锁，包括定式思维、从众思维、权威思维、书本思维。

1. 定式思维

定式思维的形成与文化传统和个人的生活经历有很大的关系，具有很大的惯性，一旦定型就极难改变。

拓展学习 你见过苹果内的五角星吗？

我们每个人都吃过苹果，都曾经无数次地把苹果一分为二，但是你是否知道，苹果里面藏着一颗五角星？

在小学四年级的语文教材里面，收录了一篇文章叫《苹果里的五角星》，记叙了邻家的小男孩子传给"我"一个鲜为人知的"秘密"：把苹果拦腰切下去，苹果核部分出现了一个五角星的图案。把苹果横着切就会看见苹果里面的五角星，这就是反习惯性思维带来的新视角。打破定式思维，换个角度看问题，我们就可以看到更多的"五角星"。

2. 从众思维

从众就是跟从大众、随大流。从众思维倾向较为严重的人，在认知事物、判定是非的时候，往往附和多数，人云亦云，缺乏独立思考能力和创新观念。

拓展学习 中国式过马路

2012 年，有网友在微博上笑称："中国式过马路，就是凑够一撮人就可以走了，和红绿灯无关。"在这条评论下还配了一张行人过马路的照片，虽然从照片上看不到交通信号灯，但有好几位行人并没有走在斑马线上，而是走在旁边的机动车变道路标上，其中有推着婴儿车的老人，也有电动车、卖水果的三轮车。

在社会中，人们的大部分行为选择其实都是盲目从众的结果，很少经过自己的深思熟虑，更不要谈创新。

3. 权威思维

权威思维是指一般人对权威所讲的观点、意见或思想，不论对与错，不假思考地予以接受。在日常的思维活动中，不少人习惯于引经据典，不假思索地以权威的对错为对错，一旦发现与权威相背道而驰的观点，便认为其必错无疑，丝毫不敢有自己的观点或创新。

拓展学习 地心说 VS 日心说

众所周知，地心说最早是由古希腊学者欧多克斯提出的，之后经过学者亚里士多德、托勒密的进一步发展，逐渐得以建立和完善。地心说在古代西方长期处于统治的地位。地心说能统治人们的思想上千年，与教会的支持是分不开的。欧洲中世纪的教会，有至高无上的权力和权威。人们看到太阳在动，月亮在动，人跳起来能回到原地，又看不到地球在动，这些现象增加了地心说的说服力。再加上地心说有精巧的构造，如本轮、均轮等，都使得地心说得到了很好的推广。日心说理论被完整地提出是在 1543 年，波兰天文学家哥白尼在临终时发表了一部具有历史意义的著作——《天体运行论》。这个理论体系提出了一个明确的观点：太阳是宇宙的中心，一切行星都在围绕太阳旋转。

对教会来说，如果谁对地心说质疑，那就是亵渎上帝、大逆不道，要受到严厉惩罚。否认地球是宇宙中心的日心说，显然违背了基督教教义，为教会势力所不容。为了维护日心说，坚持"真理"的学者仁人与神权统治势力进行了不屈不挠的斗争，并为此付出了血的代价。为了捍卫这一学说，意大利思想家布鲁诺被教会活活烧死；意大利科学家伽利略，被宗教法庭判处终身监禁；开普勒、牛顿等自然科学家，也在这场捍卫"真理"的战斗中做出了重要贡献。

4. 书本思维

书本思维就是在思考问题时不顾实际情况，不假思考地盲目运用书本知识，从书本出发、以书本为纲的教条主义思维模式。孟子曾经讲过："尽信《书》，不如无《书》。"书本知识能给予我们很多信息和方法，但是也会让我们陷入书本之中，无法与实际情况相联系。

拓展学习　纸上谈兵

　　赵国有一位与廉颇齐名的上将军赵奢，多次为国家立下赫赫战功。赵奢有一个儿子叫赵括，也读了许多兵书。他除了读书，还喜欢在家里向客人演讲兵法。赵括谈起用兵的道理来，头头是道，所以宾客们都赞扬赵括精通兵法，称赞他是将门虎子。后来秦国进攻赵国，两军在长平对阵数年，赵王听信流言，撤回廉颇，任用赵括为大将，赵括上任后，毫无建树。最终，秦军偷袭赵营，截断粮道，赵军 40 多万人被围歼，赵括也遭乱箭射死。

（二）提升创新力的原则

1. 意识先行原则

观念的转变是实现创新的前提，要拥有创新力，需要创新思维、创新意识先行，需要实现头脑的创新。有一个古老的寓言故事是这样说的：有位神秘的智者，具有非常丰富的知识和洞悉事物前因后果的能力，他回答的任何问题从来不会出错。有一个调皮的小孩对其他男孩说："我想到一个问题，一定可以难住那个智者。我抓住一只小鸟藏在手中，然后问他这只小鸟是死是活。如果他回答是活的，我就立刻把手的小鸟捏死；如果他说是死的，我就放开手让小鸟飞走，不论他怎么回答，他都肯定错误。"打定主意后，这群男孩跑去找那位智者："聪明的人，请你告诉我，我手上的小鸟是死的还是活的?"那位智者沉思一下,回答道:"亲爱的孩子,这个问题的答案就掌握在你的手中!"

2. 想象力先行原则

想象是人脑在改造记忆的基础上形成新形象的心理过程,也是把以往经验中已经形成的短暂的联系重新组合的思维过程。想象是创造活动的基础和先导,是激励创造活动、产生科学假说的源泉。只有张开想象的翅膀,才能更好地发掘大脑某些方面的潜能。

3. 保持学习原则

持续性地学习是实现持续创新的源泉,更是一种生活和学习的态度。学习对于每一个人来说都是必不可少的,学习是增强一个人的心力、智力、能力的必由之路。

学习力是一个人能够快速获取知识并让它产生价值的能力。如果说观念的转变是创新实现的基础,行动力是创新实现的关键,那么学习力则是滋养创新力的源泉。

小练习　学习力自评

如何判断一个人是否具备"学习力"?看看他是否具备以下三个"关键因素"就知道了:

学习的动力:在没有人催促的情况下,愿不愿意花时间去学习?

学习的毅力:面对各种挑战和不确定性,是否能够克服困难、坚持不懈?

学习的能力(效果):学习的能力主要包括感知力、记忆力、思维能力、想象力、勤奋等。勤奋只是其中的一部分,仅仅靠勤奋是不够的。如果一个人花了很多时间去学习,最后什么也没学会,那就等于没效果。

4. 保证行动原则

要想实现创新,将口头创新变成实践,思维、观念的变化是前提,行动力是关键。清代文学家彭端淑在《白鹤堂集》中写过这么一句话:"天下事有难易乎?为之,则难者亦易矣;不为,则易者亦难矣。"

拓展学习　积极废人

积极废人是网络流行词,指那些爱给自己立目标,但永远做不到的人。他们尽管心态积极向上，行动却宛如废物。他们往往会在间歇性享乐后恐慌，时常为自己的懒惰自责。"积极废人"一词中存在一对显著的矛盾："积极"与"废人"。"积极"显然体现在他们的壮志豪情上，然而"废人"却不一定是说他们能力不足，只不过他们的行动力差到了极点。对这种人而言，想行动的念头撑不过三秒钟，就被滚滚而来的懒惰念头"拍死"了。要想避免自己成为积极废人，最重要的还是要有执行力。对那些要写毕业论文的大学生来说，如果不开始搭框架、写绪论，后面的论文内容是不会自己平白无故地生出来的。那些想健身减重的人，不注意饮食，不每天跑个四五十分钟，又哪里谈得上取得成果呢？

四、提升创新力的方法

创新力是一种可以通过训练获得和提高的能力。要进行创新，需要突破认知的局限和打破思维定式，再加上一定的训练。

（一）思维扩散训练

找到一个扩散点，进行思维发散，丰富自己的思维，加大跨界、创新的可能性。一般情况下可以进行以下几种训练。

1. 功能扩散训练

以某种事物的功能为扩散点，想出获得该功能的各种方法。例如，怎样才能达到照明的目的。方法有点油灯、开电灯、用镜子反射太阳光、划火柴、烧纸片、打开手电筒、点火把、烧篝火等。

训练题：

1. 怎样才能取暖？

2. 怎样使脏衣服去污？

3. 怎样才能达到休息的目的？

4. 怎样才能达到锻炼身体的目的？

5. 怎样才能使一件东西裂开？

2. 结构扩散训练

以某种事物的结构为扩散点，想出利用该结构的各种事物。

训练题：

1.尽可能多地画出包含"A"结构的东西，并写出（或说出）它们的名称。

2.尽可能多地列举出像"书页式"结构的东西。

3.尽可能多地列举出"立方体"结构的东西（已发明或自己想象出来的）。

4.尽可能多地列举出与"手指钳"结构相似的东西（已发明或自己想象出来的）。

3.形态扩散训练

以事物的形态（如形状、颜色、音响、味道、气味、明暗等）为扩散点，想出利用某种形态的各种事物。例如，尽可能多地设想利用红颜色可做什么。红灯——禁止通行的交通信号。红旗、红墨水、红芯铅笔、红围巾、红喜报、红皮鞋、救火车的红色车身、红十字标志、红星、红色印泥、红灯笼、红头绳、红指甲油……

训练题：

1.尽可能多地设想利用铃声可以做什么？

2.尽可能多地设想利用粉末状东西可以做什么？

3.尽可能多地设想利用浆液状东西可以做什么？

4.尽可能多地设想利用香味可以做什么？

5.尽可能多地设想利用阴影可以做什么？

4.角色转化训练

首先写下十个以上的角色，如农夫、工人、司机、老师、老板、市长、父亲等。自己扮演这些角色，闭上眼睛，想象一下这个角色的生活、思想和环境，然后以这个角色的身份，回答你所遇到的问题。角色的转化训练，意在突破角色陷入，突破平时的思维定式以激发创造性思维和想象力。

（二）想象力提升训练

人天生就有丰富的想象力，但是大多被经验消磨掉了。通过一些方法，我们可以让自己尽可能回到充满想象力的状态。

1.扩大知识面，丰富知识经验

丰富的想象力是以丰富的知识和经验为基础的，也是以记忆为基础的。一切科学的创造、技术的革新和艺术的创作，都是在丰富知识经验的基础上，通过创造性想象而取得的。一个人知识、经验、信息储备的多少，对于想象的广度和深度有着重要的影响。缺乏独立思考、满足已有知识的人，将限制自己的想象力。

2. 保持好奇心，多问为什么

好奇心是发挥想象力的起点，因此要提倡科学的怀疑精神。遇事多问几个"为什么"，使大脑的想象功能在思考中升腾。而要使大脑的想象奔驰起来，还要保持丰富的情感，情感可以刺激想象；乐观积极的情绪能使大脑高度兴奋和活跃起来，这时想象力自然也会得到高度发挥。

3. 打破束缚，进行联想和幻想

联想绝不是简单的思考，而是许多思考的连接和扩张。联想常常表现为由表及里、由此及彼的顿悟。一个人如果不善于联想，那么他就不会举一反三、触类旁通，就不可能产生认识上的飞跃。许多人的鸿篇巨制、科学假说、技术发明等都来自从偶发事件中产生的丰富的联想，如托尔斯泰《安娜·卡列尼娜》的故事原型就源于一件女子卧轨的新闻事件，魏格纳从看到世界挂图到提出大陆漂移说，贝尔从听到吉他声到改装电话机……联想的力量是何等的惊人。

幻想是由个人愿望或社会的需要引起的指向未来的特殊想象。幻想比联想距现实客体虽然远一步，但它是更高一级的思考。没有幻想，就没有科学的假说，没有科学的假说，也就没有科学的发展。原子结构的模式、试管婴儿的诞生等，都是在幻想下产生的。

4. 在实践中观察，在观察中想象

当我们想象某事物时，就是捕捉该事物与头脑中经历过的事物之间的特征和属性的关联。头脑中事物特征和特性的获得首先依靠观察。因此，观察力的提高对想象力培养的重要性就不言而喻了。如近代化学之父道尔顿为了创立著名的新原子论，曾坚持 57 年如一日地进行 2 万余次气象观测，写下了 20 万项数据。

5. 培养多种爱好，丰富日常生活

广泛的兴趣和多方面的爱好可以使人思路开阔，想象也就有了广阔的天地。大千世界是复杂多样且彼此相关的，具有多方面的爱好和广泛的兴趣，可使各种知识互相补充、启发。

6. 阅读文学作品，提高文艺修养

几乎所有的心理学家都非常强调文学艺术修养对培养、提高想象力的价值。如苏联心理学家捷普洛夫说："阅读文艺作品，是想象的最好学校，是培养想象的最有力手段。"文学艺术作品一方面可以给人们提供丰富的形象，特别是典型形象；另一方面，欣赏文艺作品，又要求人们必须展开想象的翅膀，于是在运用想象的过程中，自然也就锻炼了想象力。

（三）自信心训练

在创新力发展的过程中，失败应该是家常便饭，如果没有强大的自信心做支撑，创新永远都只能停留在口头创新。只有坚持闯过黎明前的黑暗，才有可能成功。培养自信的方法有很多，如微笑、挺胸抬头、自我暗示、张开嘴讲出来等。心理学家阿德勒说过：每个人都可能自卑，而自信是伴随我们自卑情绪的克服一步步成长起来的。这说明一个人的自信是训练出来的。当我们看到某些人非常自信的时候，我们可能需要明白，自信并不一定是天生的，而是来自我们旷日持久的训练。

1．积极暗示

准备做一件事情之前，在心里默默给自己一些积极的暗示。例如，"这没什么大不了的，我能行！""我是最棒的！""这件事我做得挺不错的。"或者在自己的桌前贴上积极暗示的字条，提醒自己保持积极的心理状态。不要觉得这些积极暗示没有用，当你习惯保持积极的态度去看待事情时，不知不觉就会增强心理的力量，潜移默化中你的自信心就能得到提升。

2．正视别人

眼睛是心灵的窗户，眼睛能够透露出一个人的很多信息。不正视别人的眼睛，会给别人一种唯唯诺诺、不自信，或有事隐瞒、不真诚的感觉。

自卑的人可以练习正视别人的眼睛，当你能够坚定地和别人对视时，别人就可以感觉到你传达出的真诚、实在且胸有成竹自信满满的心理状态，这是有助于提升自信心的。

3．当众发言

不自信的人都比较害怕上台发言，只要涉及需要当众做的事情，都会被他们视为洪水猛兽，因为在他们看来，自己不够好，没有能力做好这一切，害怕在别人面前出糗。

鼓起勇气站到台上，你会发现不过如此，没有什么大不了的，多经历几次就能够从容应对了。不自信的人一定要练习这个办法，能有效提升自信心。

4．加快走路速度

有的人习惯走路慢慢吞吞、软弱无力，这样的行走姿态会让人觉得这个人非常颓废、不自信。

　　但如果你将自己平常走路的步伐加快，会感觉到自己昂首挺胸、抓紧时间的姿态像是一个成功人士，这样能够潜移默化地改变消极自卑的心理状态。

五、提升创新力的任务清单

　　□　每学期在熟悉的环境中去寻找一个新的发现

　　完成情况：＿＿＿＿＿＿＿＿＿＿＿＿＿＿＿＿＿＿＿＿＿＿＿＿

＿＿＿＿＿＿＿＿＿＿＿＿＿＿＿＿＿＿＿＿＿＿＿＿＿＿＿＿＿＿＿＿

　　实现创新力提升的自我评估：＿＿＿＿＿＿＿＿＿＿＿＿＿＿＿＿

＿＿＿＿＿＿＿＿＿＿＿＿＿＿＿＿＿＿＿＿＿＿＿＿＿＿＿＿＿＿＿＿

　　指导教师评价：＿＿＿＿＿＿＿＿＿＿＿＿＿＿＿＿＿＿＿＿＿＿

＿＿＿＿＿＿＿＿＿＿＿＿＿＿＿＿＿＿＿＿＿＿＿＿＿＿＿＿＿＿＿＿

　　□　每学期和老师或同学深入探讨一次你关于学习和生活的新想法

　　完成情况：＿＿＿＿＿＿＿＿＿＿＿＿＿＿＿＿＿＿＿＿＿＿＿＿

＿＿＿＿＿＿＿＿＿＿＿＿＿＿＿＿＿＿＿＿＿＿＿＿＿＿＿＿＿＿＿＿

　　实现创新力提升的自我评估：＿＿＿＿＿＿＿＿＿＿＿＿＿＿＿＿

＿＿＿＿＿＿＿＿＿＿＿＿＿＿＿＿＿＿＿＿＿＿＿＿＿＿＿＿＿＿＿＿

　　指导教师评价：＿＿＿＿＿＿＿＿＿＿＿＿＿＿＿＿＿＿＿＿＿＿

＿＿＿＿＿＿＿＿＿＿＿＿＿＿＿＿＿＿＿＿＿＿＿＿＿＿＿＿＿＿＿＿

　　□　保持每学期至少读一本专业以外的书

　　完成情况：＿＿＿＿＿＿＿＿＿＿＿＿＿＿＿＿＿＿＿＿＿＿＿＿

＿＿＿＿＿＿＿＿＿＿＿＿＿＿＿＿＿＿＿＿＿＿＿＿＿＿＿＿＿＿＿＿

　　实现创新力提升的自我评估：＿＿＿＿＿＿＿＿＿＿＿＿＿＿＿＿

＿＿＿＿＿＿＿＿＿＿＿＿＿＿＿＿＿＿＿＿＿＿＿＿＿＿＿＿＿＿＿＿

　　指导教师评价：＿＿＿＿＿＿＿＿＿＿＿＿＿＿＿＿＿＿＿＿＿＿

＿＿＿＿＿＿＿＿＿＿＿＿＿＿＿＿＿＿＿＿＿＿＿＿＿＿＿＿＿＿＿＿

　　□　去旁听一门其他专业的课

　　完成情况：＿＿＿＿＿＿＿＿＿＿＿＿＿＿＿＿＿＿＿＿＿＿＿＿

＿＿＿＿＿＿＿＿＿＿＿＿＿＿＿＿＿＿＿＿＿＿＿＿＿＿＿＿＿＿＿＿

　　实现创新力提升的自我评估：＿＿＿＿＿＿＿＿＿＿＿＿＿＿＿＿

＿＿＿＿＿＿＿＿＿＿＿＿＿＿＿＿＿＿＿＿＿＿＿＿＿＿＿＿＿＿＿＿

指导教师评价：_____

_____

□ 试着去申请一个专利

完成情况：_____

_____

实现创新力提升的自我评估：_____

_____

指导教师评价：_____

_____

□ 不看攻略，探索性地完成在一个陌生地方的徒步或者郊游

完成情况：_____

_____

实现创新力提升的自我评估：_____

_____

指导教师评价：_____

_____

□ 参加一次专业比赛

完成情况：_____

_____

实现创新力提升的自我评估：_____

_____

指导教师评价：_____

_____

□ 参加一次创新创业大赛

完成情况：_____

_____

实现创新力提升的自我评估：_____

_____

指导教师评价：_____

_____

□ 参加一次思维拓展训练

完成情况：_____

实现创新力提升的自我评估： _____

_____

指导教师评价： _____

_____

□ 独自解决一个寝室、班级、家庭里没有解决的问题

完成情况： _____

_____

实现创新力提升的自我评估： _____

_____

指导教师评价： _____

_____

个体性非认知能力是我们最重要的能力之一，也是最重要的基础思维，是个体进步的根源所在。个体的进步与蜕变，离不开对个体性非认知能力的培养。非认知能力的强弱，不仅影响着个体的认知能力，还影响着个体觉察周围环境的能力、看清问题本质的能力、管理自身情绪的能力。个体一旦拥有了强大的非认知能力，就可以不断对自己的思考过程和思维方式进行审视，不断发现其中的误差，不断进行修正，尔后做出正确的判断和积极的行动。在培养非认知能力的过程中，个体会持续构建新的心智模式，从而更好地应对这个复杂的世界。

思考题

1. 请对自己的个体性非认知能力进行总结和评价。

2. 拟定一份个体性非认知能力的提升计划。

参 考 文 献

［1］ 弗洛姆. 爱的艺术［M］. 刘福堂，译. 北京：人民文学出版社，2018.

［2］ 阿德勒. 自卑与超越［M］. 韩阳，译. 北京：北京时代华文书局，2018.

［3］ 迈尔斯. 社会心理学纲要［M］. 6 版. 侯玉波，廖江群，等译. 北京：人民邮电出版社，2014.

［4］ 毛亚庆. 社会情感学习培训手册［M］. 北京：北京师范大学出版社，2019.

［5］ 黄忠敬，等. 社会与情感能力：理论、政策与实践［M］. 上海：华东师范大学出版社，2022.

［6］ 曼尼克斯. 美国学生社会技能训练手册［M］. 刘建芳，译. 天津：天津社会科学院出版社，2011.

［7］ 伊凡希娜，勒纳. 耐心的资本：投资的未来与挑战［M］. 银行螺丝钉，译. 北京：中信出版集团股份有限公司，2021.

［8］ 王硕，李少颛. 宽恕的力量［M］. 南京：江苏教育出版社，2013.

［9］ 萨维奇. 合作式思维［M］. 信任，译. 北京：中国友谊出版公司，2017.

［10］ 麦克德莫特，霍尔. 合作式工作法［M］. 王禾雨，译. 北京：中国友谊出版公司，2018.

［11］ 董国臣. 同理心的力量：非暴力沟通的奥秘［M］. 北京：北京联合出版公司，2020.

［12］ 帕特森，格雷尼，马克斯菲尔德，等. 关键冲突：如何化人际关系危机为合作共赢：原书第 2 版［M］. 毕崇毅，译. 北京：机械工业出版社，2017.

［13］ 古德史密斯，莱特尔. 成为可怕的自律人［M］. 张尧然，译. 上海：文汇出版社，2021.

［14］ 石田淳. 从行动开始：自我管理的科学［M］. 朱悦玮，译. 南昌：江西人民出版社，2016.

［15］ 唐. 情绪训练［M］. 杜肖瑞，译. 长沙：湖南文艺出版社，2021.

［16］　海. 生命的重建［M］. 唐志红，译. 北京：中国宇航出版社，2012.

［17］　帕特森，格雷尼，马克斯菲尔德，等. 关键改变：如何实现自我蜕变［M］. 许金凤，译. 北京：机械工业出版社，2021.

［18］　梁良良. 创新思维训练［M］. 北京：新世界出版社，2006.

后　记

　　2020 年，成都锦城学院校长邹广严教授提出"大学应该重视非认知能力的培育"，主编冯正广教授开始组织团队开展了实践创新和理论研究。

　　在研究过程中，我们越发感受到非认知能力在追求个人实现与人生幸福中的关键性作用。当今世界发展的事实是，人工智能已经把人类的认知能力发展到了相当的高度，却并没有给个体带来持久的快乐、幸福、平静与归属。人们对于自然和世界的认知越来越深入，但没能更加深入地认识自己和理解别人。教育不是培养认知强大而心灵贫瘠脆弱的单面人、碎片人甚至空心人，而是培养心智和情感平衡的人。认知能力和非认知能力的并重，对于个人生命的体验、生活的幸福、人生的发展，具有重大的意义。

　　在整体的研究中，结合邹广严校长提出的非认知能力教育实施框架，我们厘清了相关理论、概念，进行了教育内容的丰富、教育路径的梳理、教育方法的创新。概念上，将非认知能力通常所指的社会情感能力、情绪智能等扩展到了社会情感能力和行动力，提出情商和行商的发展，也总结了六大核心非认知能力，丰富了非认知能力的内涵。在教育路径方面，我们提出了隐性化培育和显性化培育两大路径，也提出了大学生自我实践和教育的五步法。在教育方法上，提出了"自我观察与内观""指数性观察""标志事件达成"等能力测评方法，设计了学生非认知能力测评问卷，并就大学生六大核心非认知能力的提升分别提出了实践路径，共计总结了 21 个特性、17 项观测指数、43 个需要坚持或者清除的观念和原则、25 个提升方法和 45 项具体的练习任务，以切实实现非认知能力培育的显性化。

　　本书是集体智慧的结晶，编写分工如下。冯正广、苏斌进行了整体框架的搭建、各章核心理论的梳理和审定，陈程负责整体统稿和后记的写作，陈程、徐乐、卢丽、周眈玥、李聪、张雅岚、陈力帆负责各章具体的写作工作。在写作过程中，成都锦城学院理事长、创校校长邹广严教授，校长王亚利教授在百忙之中对书籍的写作给予了重要的指导，邹广严校长还亲自为本书作序，让编写组的老师深受鼓舞。成都锦城学院高等教育研究院院长温晶晶、副院长李秀锋对本项目的研究工作给予了大力支持。高等教育出版社编辑提了很多宝贵的意见，并为书籍的出版做了大量的工作。对这些所有的支持和帮助，全体编者在此表示感谢。

限于水平，本书难免有失当之处，真诚希望专家学者、师生读者朋友批评指正，帮助我们修订完善。

编　者

2023 年 5 月

教学资源服务指南

扫描下方二维码，关注微信公众号"高教社极简通识"，学生可学习名校通识课，教师可学习教师培训课程、免费申请课件和样书、观看直播回放等。

名校通识课

点击导航栏中的"名校通识"，点击子菜单中的"课程专栏"，即可选择相应课程进行学习。

教师培训

点击导航栏中的"教师培训"，点击子菜单中的"培训课程"，即可选择相应课程进行学习。

课件申请

点击导航栏中的"教学服务"，点击子菜单中的"资源下载"，注册并填写相关信息即可申请课件。

 ## 样书申请

点击导航栏中的"教学服务"，点击子菜单中的"免费样书"，填写相关信息即可免费申请样书。